香港工業是夕陽行業？只要改變想法，跳出傳統，你會發現其實香港工業還有無限生命力。

The Roadmap of Design Strategy for Hong Kong Manufacturing SMEs

香港中小企製造業設計策略之路

VOL. I

上冊

作者
——
莫健偉、汪嘉希、杜睿杰

策劃
——
香港工業總會、香港設計委員會

突破框框
開闢新路向

香港工業總會

　　中小企是全球不同經濟體系的中流砥柱，地位舉足輕重。據香港特別行政區政府工業貿易署統計，中小企佔本港商業單位總數超過98%，共有約34萬家。中小企對香港經濟尤為重要，也是香港特區政府的重點支援對象。

　　香港工業總會近60年來致力支援本港工商業界發展，深明中小企面對的困難。不論是全球經濟波動、人才短缺，還是生產成本不斷上升，現今世代挑戰重重，或會阻礙中小企發展。然而，若轉換角度觀之，現代數碼化社會機遇處處，科研技術具創造性，銷售網絡先進便捷，若能加以利用，不正是中小企長驅直進的黃金機會？

　　中小企若要突圍而出，必須要掌握三個「新」字——新商機、新意念、新血，而「香港中小企製造業設計策略之路」計劃正正體現出這三個「新」字的可貴之處。透過引導中小企製造商利用設計思維，靈活規劃業務，創造新商機；透過成功案例和設計思維工具箱，協助中小企製造商制訂設計策略，力求創新，孵化新意念；透過鼓勵中小企製造商活用設計策略完善營商計劃，為香港經濟注入新血。

　　在此，本人謹代表香港工業總會感謝香港特區政府對這項計劃的鼎力支持，以及本會和香港設計委員會各位成員對本計劃的貢獻。時代巨輪永不停步，香港工業家亦然。我深信憑藉香港工業家堅毅不屈的精神，中小企製造商定能夠靈活應對市場變化，開闢新的發展路向。

香港工業總會主席
葉中賢博士

再思工業
開拓新視野

香港中小企製造業設計策略之路

一年多前，我們收到香港設計委員會的委託，希望我們透過研究不同中小企的案例，打造出一本指南和一個工具箱，幫助現時正在香港默默打拼的中小企製造商突破界限，尋找新的發展業務模式。從過去中學習，似乎是最便捷的方法，故此我們嘗試從香港工業案例中提煉出新的知識，從工業企業家的經歷裡尋找今昔商業模式、規劃、組織、科研、營銷、品牌策略等方面進行創新和變革的經驗和智慧。我們相信這些經驗和智慧，不但能啟示當下及未來工業的發展趨勢，也能引導本港製造商走向更高階的設計之路。

過去一年裡，我們對40多家各行各業的中小企製造商進行研究調查，並把他們的經歷編寫成多個關於香港工業持續成長、變革和創新的故事。我們最終發覺，這些篇章難以用一種簡單化的學術框架和理論來歸納，也不是一套指南工具可以承載如此豐富的智慧。結果，我們選擇以故事方式來呈現工業家、製造商關乎設計策略的經歷。這些故事，既有打破傳統經營模式，活用現代數碼技術的案例，也有獨運匠心，不斷在產品設計上創新，或專注研究市場走勢，重新定義消費群和品牌定位的成功案例。收錄的故事有很多，但我們嘗試從工業家、企業的經歷裡，以設計策略的眼光來提煉出他們的價值。

對於我們來說，這次研究也給予我們一次重新反思如何看待香港工業的機會。1990年代以來，香港的工業一直被形容為式微的行業，在全球分工的視野裡，隨著廠房北移，香港作為製造業加工基地的角色逐漸消失。然而，在這次研究中，我們愈發體會到這種說法的狹窄和不足的地方。工業其實並不只是生產製造過程，在生產前後，還包含了企業路線的規劃、產品及技術的研發、市場推廣及零售的策略，我們認知到香港工業只是在身份角色上開始發生改變，在廠房北遷的同時，多間企業的總部、研發工作室、銷售服務皆屹立於香港。而近年香港工業的形態更是一直演化，超出了傳統的製造業範疇的定義。在過去的十年，有人將傳統食品演變為健康潮流產品、螺絲變身成飛鏢玩具產品、印刷包裝進化成廣告行銷業務，種種例子都印證了香港工業演化和進步的足跡。我們希望讓這本書能讓讀者再思考工業的意義，若要培育和壯大香港工業的能力及優勢，我們必須正視與認識這些改變，以在新時代中把握工業為我們帶來的機遇。

是次「香港中小企製造業設計策略之路」之所以能圓滿收結，全賴各友好合作夥伴、支持機構，以及受訪公司的熱烈支持，令項目更能有效幫助中小企製造商畫出海闊天空。

香港恒生大學研究團隊
莫健偉博士、杜睿杰博士、汪嘉希

導言：
香港再工業化
的觀點

FORE-
WORD

「香港工業」一詞對年輕一輩的讀者來說或許是個過時的名詞。許多人聯想起工業，不是油污滿地的狹小空間裡，一家大小勤快地穿捏膠花，就是機器橫排直豎的幾百呎甚至過千呎廠房，數以百計忙碌的工友於生產線上作業。這些聯想或許符合老照片中的香港工業圖像。

1950、60年代以來類似的圖像，不難在模具、塑膠、紡織、製衣、電子產品或玩具等行業找到。不過，隨著1979年中國內地改革開放，不少曾盛極一時的香港工業大軍都北上在內地設廠，使香港本土出現持續20年的「去工業化」的現象。

全盛時期，以1980年為例，本港製造業佔本地生產總值達23.7%，1998年銳減至6.1%，到了2016年製造業所佔的比重更加退減至只有1.1%（見右圖）。曾幾何時，製造業工人總數約達100萬，但到了2019年只剩下88,000多人。紡織、製衣、塑膠、鐘錶、玩具、電子以至模具等行業，曾是香港製造業的重要組成部分，但今天這些生產工序在香港幾乎絕跡。

這段香港工業的變遷，「教科書式」的解說是：曾享譽「亞洲四小龍」頭銜的香港工業，隨著中國內地改革開放，不

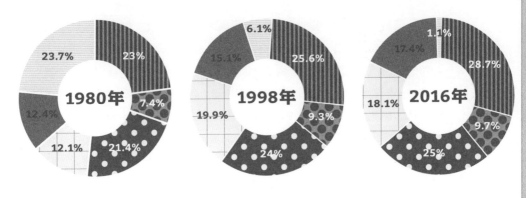

▮ 金融、保險、地產及商用服務業	✚ 社區、社會及個人服務業
▨ 運輸、倉庫及通訊業	═ 製造業
⬡ 批發、零售及進口貿易、飲食及酒店業	▮ 其他

資料來源：政府統計處

少從事組裝、勞動密集、低增值或代工生產（OEM）的工廠都把工序移入內地，尤以廣東省珠江三角洲為最主要的集中地，享受當地廉價的土地及勞動力成本，以低技術和勞動密集型的生產方式擴大香港工業的規模。這種工業方式到了1990年代基本完成，學者更以「前店後廠」一詞來形容當時香港工業的模樣，即生產線設在內地（珠江三角地區），香港作為「前店」則主力接單、銷售及輸出工業產品到海外。

今天回顧這段歷史，我們會問：去工業化的過程究竟對本港工業及經濟帶來什麼影響？

較正面的一個說法是描述香港工業步向「生產者服務」的發展階段，指本港的廠商把生產工序移到內地後，香港公司則專注設計、訂單及資訊管理、物流與運輸，以至財務融資等較高端的商業服務。因廠商角色發生轉變，也促進了相關行業的發展，形成一個以提供生產者服務（金融、資訊科技、物流、貿易以至相關商業服務）的經濟系統。這個系統的形成，可以從圖中顯示不斷擴大的服務業（金融、商用服務、運輸、批發零售及進出口貿易等行業）得到最佳的證明。

較負面的說法是香港步入「後工業轉向」的社會經濟。與先進國家步入後工業社會的情況不同，香港的後工業轉向並沒有帶來高技術、高增值的科研經濟活動，社會整體投入R&D的比例跟歐美、新加坡、中國內地比較仍然偏低，至使香港工業未能以提升科研發明水平、設計、資訊系統或技術管理的知識，帶動本地工業升級轉型。當然，我們不同意這個說法，理據下文再交待。

還有一種說法，指近年香港工業從內地回流香港，回流的工業不但包括傳統的鐘錶、模具、珠寶首飾、食品、藥品及醫療等，還包括一些新興行業例如生物科技、人工智能、數碼技術等產業；回流本港的工廠或考慮在港建立的工廠，更是高增值的活動，例如技術研發、產品開發、品牌管理、自動化生產系統的規劃、設計及建構等。「再工業化」論述的提出，有其大環境使然：內地近年經營成本日益上升，使昔日依靠廉價土地及勞動力做為競爭條件的企業逐漸失去優勢，加上國家政策朝著推進高增值產業、促進廣東省工業升級轉型的方向發展，原有的勞動密集式、高污染、低效能的工業逐漸被取替或被迫搬離珠江三角洲。這些環境和條件因素的變化，令人關注香港廠商在珠三角或大灣區內的角色和位置。

若工業回流是近年萌芽的趨勢，那麼香港「再工業化」的方向應指向何方？政府和業界過去已反覆討論這議題，工業界也積極參與討論及提供建議，並最終促成政府於2017年成立「創新、科技及再工業化委員會」，又於2018/9及2019/20年度財政預算，增撥港幣40億元，推展再工業化的相關政策（如「再工業化資助計劃」）。政策成效如何，我們日後將拭目以待，但顯然，再工業化的討論使業界及公眾認真地探究香港的工業前路和可能性。

21世紀的今天，工業發展至什麼模樣呢？答案肯定跟導言所描繪的舊影像是截然不同了。在資訊化、分工日益精密的年代，生產一件物品牽涉的工序從生產、配送到市場是個一環扣一環的流程。就如工業總會所言：「現代工業不限於製造活動，更包含前端的科技型研發、創意型設計，後端的品牌管理、市場行銷，供應鏈管理等活動。」進一步說，生產工序可以由來自四方八面的部門共同完成，而某一工序的進行不一定要在香港，可以由各地區內的生產部門經協調後完成。這種現代工業的作業形態，可以用「模組化」、「網絡化」、「協作方式」等關鍵詞來形容。

正因為這種網絡化的生產形態的興起，本港工業家有機會重新規劃工業活動的工序和流程，思考企業的角色和位置，以探索出各式各樣應對市場的工業化道路。事實上，處於工業大環境急遽變化的香港工業家，許多已認識到新環境和機遇的來臨，並從他們自身的業務經營裡進行重塑工業形態的種種嘗試。

本書的目的非常明確，我們收錄40多個案例，以呈現香港工業家如何創造、改造他們的工業生產模式，箇中的實踐和經驗相信可為「再造香港工業」提供啟示。作為負責這個研究項目的團隊，同時作為見證本港工業變遷的讀者，我們明白到只有放寬過往對工業生產的狹隘的視野，才能認識到香港再

工業化的可能。

　　本書共分上、下兩冊，合共收錄了40多個本地工業案例，當中34個案例是研究團隊根據第一手訪談資料並參考相關文獻而寫成，其餘10多個案例則取材自已經出版或發布的文獻、書籍及報導而成。書中收錄的案例，嘗試勾劃出個別企業的發展里程碑，並從中挑選關鍵的部分，檢視工業家如何創造價值、改造業務和商業模式、變革生產方式或流程、打造品牌又或開拓營銷，凡此種種，我們以「設計策略」這概念來理解當中的變化。這個書寫角度，也是本書的特色之一。

　　上冊涵蓋的行業包括製衣及時裝、鐘錶、電動工具及家庭用品，以及綜合工業產品等行業，這些行業在工業發展的論述中，被視作本港舊工業圖像的代表性行業。當然，這只是大眾的觀感，事實上香港工業的光譜範圍廣闊，有些具悠久歷史傳統的行業如傢俱、珠寶首飾、印刷、中式食品業，都有自身工業發展的步伐。故此，這些被大眾媒體或公眾忽略的香港工業，連同公眾更少認知的科技行業，我們將留待下冊詳述。

參考資料

01　政府統計處：《工業的業務表現及營運特色的主要統計數字》（各年）。

02　香港工業總會：《珠三角製造：香港工業未來的出路》，香港工業總會，2015 年。

03　香港工業總會：《香港工業家》，2019 年 4、5 月號。

04　香港工業總會：〈香港工業總會對「再工業化」的意見〉，2018 年 7 月 6 日。

05　張少強、崔志暈：《香港後工業年代的生活故事》，香港：三聯書店，2015 年。

06　Berger, Suzanne and Lester, Richard K. eds., *Made by Hong Kong*, Oxford University Press, 1997.

07　Yeung, Godfrey, "End of a Chapter? Hong Kong Manufactures in the Pearl River Delta", in Lui Tai-lok, Stephen W.K. Chiu and Ray Yep eds. *Routledge Handbook of Contemporary Hong Kong*. New York: Routledge; pp.397-413.

研究成果：
工業的
設計思維
RESEARCH RESULTS

論述工業發展經常聽到一種觀點，認為工業升級轉型的進路應從「代工生產模式」（OEM），進展至「原廠委託設計」（ODM）或「創造品牌模式」（OBM）。[1]這種進階式的工業生產模式包含強烈的價值判斷，認為 OEM 在價值鏈上（產品的售價）處於低端的位置，客戶擁有的設計或品牌權才獲取最大的利益。經典的例子是蘋果代工生產商「富士康」，業界估計富士康代工生產 iPhoneXS Max，每部手機獲取的代工費約 9.5 或 9 美元，但剛推出市場時的售價卻是 1,478 美元，可見蘋果公司因為掌握技術和品牌，故此能攫取最大的利潤，反之代工的富士康只能賺取每部手機售價不足 0.65% 的微利。

計算代工的算式是簡單的算術題，把代工費扣除物料成本就能得出每件代工產品所賺取的低微利潤。這樣的計算顯然支持代工是低價值生產的結論。本文沒有意圖為OEM模式平反，也不是要論證某一生產模式的優劣，我們爭辯的，是把某種近乎理想化的生產模式來評論香港工業的發展進程，並且以「生產價」的高低來判別工業模式的優劣，這種思考只是論述的思維，不是「工業的思維」。

那麼，什麼是工業的思維？工業活動是個複雜的生產過程，一件物品從無到有，箇中涉及各式各樣的判斷和決策、步

[1] 「代工生產模式」（OEM；Original Equipment Manufacturer）指不含產品設計，設計及配方是由委託廠所提供的生產模式；「原廠委託設計」（ODM；Original Design Manufacturer）指產品的配方及設計是屬於代工廠的，客戶擁有產品的品牌權；「創造品牌模式」（OBM；Original Brand Manufacturer）指生產商行擁有品牌權，並銷售產品、發展出自己的企業／品牌形象。

驟與程序、原料與技術的投入、人與人、人與機器及環境之間的協調等，這一環扣一環的過程最終產出了需要之器物或服務。學者把這個過程以「生產價值鏈」一詞來概括。在價值鏈上的每項活動、一環與另一環之間的協調都有改革和進步的空間。工業的思維正正體現於涉身其中的生產者如何不斷思考改造這過程，以回應生產環境、市場和時代的變化和挑戰。

把以上想法進一步演繹，我們可以視工業生產的過程分為八個部分（見下圖）：

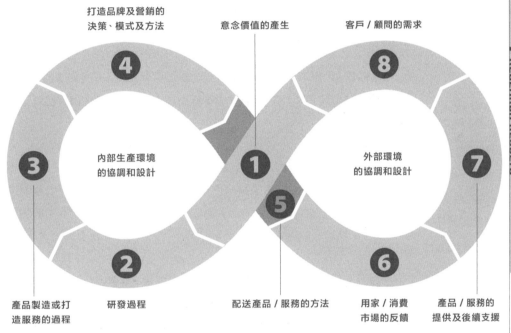

打造品牌及營銷的決策、模式及方法 **4**

意念價值的產生 **1**

客戶／顧問的需求 **8**

內部生產環境的協調和設計

外部環境的協調和設計 **7**

3

5

2

6

產品製造或打造服務的過程　研發過程

配送產品／服務的方法

用家／消費市場的反饋

產品／服務的提供及後續支援

工業生產八陣圖

❶｜新意念、新價值的產生及提出
❷｜探索、研發或創造研究原型的過程
❸｜製造產品或提供服務的過程、流程
❹｜建立品牌、營銷策略的決策、模式和方法
❺｜配送產品／服務的流程和系統
❻｜客戶／消費者的反饋及分析
❼｜產品／服務的售後管理及支援
❽｜客戶／消費者需求現況或潛在需求的分析

這八個部分都是生產過程中主要的「價值鏈」，企業就個別部分或幾個部分一併進行創新改造，目的除了是爭取利潤以外，還有更多的價值追求——效率、技術／美感上的追求、管理方法、更佳的使用經驗等不一而足。這個工業生產概念圖最大的價值，並不在於劃出的價值鏈部分是否全面或精準，更重要的是概念的提出，使我們關注的焦點，重新放到工業的流程上，而不是爭論不同生產模式在學理上的優勝劣敗。

工業生產流程的變化當然因時、地、人及歷史條件而出現不同的結果，但改變的核心在於人們對「設計」這概念的認識和看法。

數十年前的香港工業家對設計的見解，可從下列一則工展會的廣告中看出端倪：

「全國首創，專家設計，構圖藝術化，製造科學化，是市場衰落的救星，是扶植商品的利器。」（1939年香港中華廠商會主辦，第三屆中國貨品展覽會特刊廣告）

當年所指的設計，是外觀、構圖、製造或生產技術的代名詞。經歷戰後騰飛的發展、1980年代北移擴展的歷程，今天香港工業家對設計概念的理解，更多視之為一個「多方面和廣泛」的概念。歐洲共同體委員會對設計的定義，提出了三種綜合的見解：

「設計不僅是流程的最終結果，也是流程本身，其中涉及許多步驟——例如研究、概念化、建模和測試。因此，設計可以被視為一個步驟與其他步驟之間的橋樑，例如創造力和創新、技術和最終用戶、技術和創新，以及科學和商業學科。」

「設計是一種整體方法，可以考慮超出美學的一系列考慮因素，包括功能性、可用性、通達性，以及產品的安全性和可持續性。換句話說，設計涉及從多個學科進行思考，並且是在用戶考慮因素和其他考慮因素（例如成本和環境影響）之間取得平衡的過程。」

「設計涉及產品、服務、系統、環境和通信。設計有很多應用程序；它不僅適用於產品和服務，也適用於系統。」

香港的工業家並不一定看過以上的研究成果，也不一定知悉在設計界或學界今天對設計的理念已提出新的定義，但他們早已憑著自己的經驗先行先

試，走出了過往狹隘的設計觀念的範圍了。

　　我們十分珍視過往工業家走過的道路，從他們身上及各種實踐過程中，體現出各式各樣創新改造工業流程的做法。本書收錄的個案亦由此出發，檢視每個個案如何改變某一或多個生產價值鏈的部分；究問何種理由和客觀環境，催生了創新改革；改造、再造工業流程的模式和方法。

　　我們希望了解這些改變，這不但讓讀者認識香港工業的設計思維，還讓我們重新認識香港工業近年的面貌。

參考資料

01　馬端納：《香港製造：香港外銷產品設計史，1900-1960》，香港：香港市政局，1988 年。

02　Cesario, M., Agapito, D., Helena, A., & Fernandes, S. (2015). *The use of design as a strategic tool for innovation: an analysis for different firms' networking behaviours*. European Planning Studies.

03　Commission of the European Communities. (2009). *Design as a driver of user-centered innovation*. Commission staff working document, Brussels.

04　Harvard Business School. (2000). *Harvard Business Review on Managing the Value Chain*. Harvard Business School Press.

05　UK Design Council. (2015). *The Design Economy: the value of design to the UK*. UK: Design Council.

目錄

CHAPTER 01 ｜ 第一章 ｜ 鐘錶行業

CHAPTER 02 ｜ 第二章 ｜ 製衣及時裝行業

HONG KONG
WATCH &
CLOCK

1

香港鐘錶

一批工業家積累多年的
生產經驗和智慧，
展示他們的能力和創意，
終於發展出
屬於香港的鐘錶品牌；
讓我們一起去發掘他們的
「香港創造」之路。

香港鐘錶
工業史
簡介
INTRO-
DUCTION

一枚手錶，由錶帶、錶殼、錶面和錶芯組裝而成，故手錶工業主要可分為配件生產和裝配兩大類。曾屬香港四大工業的鐘錶業，以生產錶帶和錶殼起家，漸漸發展起成錶❶裝配業務，至近 30 年來，更開始涉獵鐘錶設計，銳意建立香港自家品牌。

❶ ｜ 成錶即鐘錶完成品。

二戰以前，香港已有簡單的鐘錶工業和轉口貿易。由於鐘錶在當時是奢侈品，人們不會隨便丟棄壞掉的手錶，造成鐘錶修理業務的需求，這些維修店成為香港鐘錶工業的鼻祖。至1920、30年代，一些鐘錶維修店開始小規模製造錶殼和錶帶，以供維修之用，這些店舖雖小，卻是戰後本港鐘錶業發展的基礎。二戰以後，香港市面百廢待興，1947年港九鐘錶工商聯合總會成立，顯示本地鐘錶業也重新發展。當時本港鐘錶業仍以轉口貿易和零售為主，並漸成為東亞的區域鐘錶貿易中心，不過鐘錶配件生產仍未活躍。

1950年代初，鐘錶配件如錶殼及錶帶的需求增加，本地錶殼廠和錶帶廠日漸增多。此外，一些外國公司在香港設廠，為香港帶來珍貴的製造技術和培訓人才，其中較突出者

為1950年代末來港設廠製造專利鋼錶帶的**Canadian Tools Ltd.**。當時本地生產的鐘錶配件，大多遠銷至美國等國家。轉口貿易方面，雖然聯合國禁運令中國內地市場盡失，但透過出口至英聯邦及東南亞國家，貿易額亦持續上升，一些港商更開始代理瑞士錶。

興旺的鐘錶貿易，令外商投資香港的興趣大增，1960年代初期，一些瑞士廠商在港設廠裝配機械錶。不過，港府不久宣布跟隨瑞士做法，以裝配地決定鐘錶產地，而非如以往以機芯產地決定，瑞士錶廠遂撤出香港。然而，他們卻留下了裝配技術和人才，也為本地粗馬機械錶裝配產業帶來生存空間。機械錶芯主要可分為幼馬和粗馬錶芯，前者耐用性強，價錢也較貴；後者則較厚，而且相對簡單粗糙，較適用於中、低價錶。本地錶廠從瑞士、德國、蘇聯等地引入粗馬錶芯，配合本地成熟的錶帶、錶殼供應，自行裝配粗馬錶，手錶裝配逐漸興盛。1968年，香港錶廠商會成立，英文名為**Hong Kong Watch Manufacturers Association Ltd.**，其中**Roskopf Watch**正是粗馬錶，可見當時粗馬錶裝配業已為本港鐘錶工業主流。翌年，港產手錶總值首次超越本地錶帶及錶殼出口總值，香港自此成為中、低價機械錶生產王國。

1970年代，鐘錶業界迎來一波新技術潮——電子錶。1970年代中期，部分美國企業到遠東設廠，製造電子跳字錶，香港憑藉穩固的手錶配件工業基礎，壓過台灣和南韓，成為電子錶的區域製造中心。1975年，香港已出口25萬二極發光體（LED）電子跳字錶，總值5,000萬港元。然而LED電子跳字錶很快便因品質問題為市場所棄，液晶體（LCD）跳字錶生產瞬即代之而起，並成為本港鐘錶業生產的主流。由於LCD跳字錶生產成本不大，只要掌握製造技術，並聘用大量勞工，便能大量生產，故1970至80年代初電子錶廠數量急增，1979年全港手錶出口7,339萬隻，七成為電子錶。

然而，由於行業膨脹過快導致惡性競爭，電子錶價格急跌，加上電子錶風潮過後，需求銳減，不少錶廠在1980年代初被迫結業，另一些成錶廠則轉型製造石英錶。日本早在1960年代末成功研發石英錶芯，其結構較機械錶簡單，但卻更為準確，也更便宜。至1980年代初，由於歐洲廠商亦向香港輸出石英錶芯，石英錶芯價格急降，加上電子錶市場萎縮，越來越多成錶廠改為生產石英錶。石英錶出貨量在1980年代初急升，其出口貨值在1983年超越機械錶、1984年超越電子跳字錶，至1988年，石英錶出口貨值達到高峰，為99.16億元。

但與此同時，日漸壯大的本地鐘錶業亦受到來自外國企業甚至政府的打擊。自1982年起，多家歐美鐘錶企業均曾控告本港廠商侵犯其專利權，雖然

這些事件最終都獲得解決，但卻在本港鐘錶業界敲響警號，顯示鐘錶業界不能再單靠抄襲外國鐘錶設計和技術獲利。有見及此，錶廠商會亡羊補牢，先後成立「版權小組」和「鐘錶設計版權儲存中心」，以應對版權問題。

不過塞翁失馬，焉知非福，版權問題亦為本港的鐘錶設計打下了重要基礎。一直以來，本地廠商多以原件生產（OEM）模式營運，但1980年代起，不少廠商則開始嘗試自行設計鐘錶，慢慢轉型為原創設計生產（ODM）。版權風波正適時地為廠商轉型鋪平道路。另一方面，這些原創設計生產廠商，對比原件生產的廠商更著重推廣其公司及產品，故此，1980年代港商努力參與或舉辦鐘錶展覽。1982年，在鐘錶廠商會和政府貿易發展署協力下，舉辦了首屆「香港鐘錶產品展覽會」；1986年，港商更得以衝出國際，參展巴塞爾的「歐洲鐘錶珠寶展覽會」，向世界推廣香港的鐘錶產品。

隨著中國 1979年改革開放，鐘錶生產迎來另一波轉變。面對本港地價和薪金高企的情況，本港錶廠陸續北移。首先將生產線北移的是錶殼和錶帶廠，至1990年代初，成錶廠亦相繼北移。在這形勢下，香港鐘錶生產由出口變為轉口，其中1992年的出口值下跌接近四分一至154.76億，轉口值卻急增近一倍至210億，可見轉型速度之快。至2003年，CEPA 推出，經過磋商，香港成錶享有零關稅優惠，「前店後廠」的經營模式進一步確立。廠商在中國進行生產，香港部門則負責行政、檢測、版模，以及零售業務。

至今天，香港仍然是世界其中一個鐘錶基地。根據2015年的數據，以價值計算，香港是全球最大的完整手錶進口地，以及第二大的完整鐘錶出口地。不過，近年來中國的生產成本驟增，一部分廠商回流香港，透過引入自動化技術，降低生產成本。另一方面，廠商亦嘗試提升產品質素，提高其產品價值，例如越來越多手錶生產商已獲取ISO 9000認證。此外，一部分廠商更在ODM的基礎上發展自家品牌，轉型為原創品牌設計（OBM）模式。然而，本港廠商在鐘錶設計以及錶芯、錶面生產方面並不全面，對發展高級鐘錶及建立品牌帶來障礙。故此，政府和業界都試圖培訓人才、吸納技術，成立「香港鐘錶科技中心」以及推出「機械錶芯研究及發展計劃」、「鐘錶設計師培育計劃」，期望有助本港鐘錶業轉型及發展。

個案研究 | 一

一路轉變的
鐘錶創業家

———————

時運達

從代工生產到

成功發展自家品牌之後

為何選擇退出？

一代工業家

如何從自我創新到

幫助他人創新？

www.odm-design.com

o.d.m. 手錶設計獨特，故意略去部分時間刻度、時針、分針。

蘇永強 1970 年代白手起家做手錶生意，從睡在街邊的街童一路做到有兩間工廠的青年工業家、鐘錶商會會長，創立了時運達集團。談起過往，他這樣總結：「一路被社會帶著走，一路轉變才有今天，變不了就艱難。」

◎ ｜禮品和原件生產

蘇永強初期與一個美國合作夥伴做禮品手錶，生意從美國擴展至南美洲、中東、東南亞等地，他形容當時生意好主要因為需求大於供應。早在1980年代初在內地生產，將香港的定位為市場行銷、銷售和設計。回憶那時的日子，蘇永強形容「很艱難但很開心」，往往「爭取到一張訂單，整個深圳都幫忙生產」，工人都很感謝老闆，他作為老闆也感到自己責任重大。公司的另一個業務是做原件生產，尤其是2000年時，時運達成為多個世界知名品牌的手錶供應商。隨著設計部門的成立和壯大，時運達的研發設計能力也大幅提升，註冊了不少設計專利。

◎ ｜原創品牌

早在1993年蘇永強已開始拓展自己的品牌，並以「SWEDA」為名推出「刻名錶」，市場反應良好，更堅定了他的信心。 1999年他推出自家品牌「o.d.m.」，意為原創（original）、活力（dynamic）、簡約

（minimalism）。正如其名，「o.d.m.」找準中低檔的市場，利用時尚設計吸引年輕人購買。

幾乎所有從做代工生產轉為發展品牌的廠商都碰到過一個問題，就是會被代工生產的客戶抗議，認為會形成競爭。同時，代工生產的收入穩定，品牌發展初期卻需要大量投資，還不見得有回報。面對這些困境，蘇永強一邊努力跟客戶解釋他的品牌規模很小，跟客戶不在同一個市場，一邊轉變思維，分兩組人分別做品牌和代工。咬緊牙根堅持度過了最艱難的時期後，終於迎來o.d.m.發展得成行成市。

2003年，o.d.m.在瑞士巴塞爾鐘錶展的國際館亮相，成為國際館展出的第一個香港原創手錶品牌。o.d.m.最大的創新是2004年推出的DD99手錶，這款錶的熒幕可以滾動字幕，可以預先設置「Happy Birthday」、「Happy Valentine Day」一類的祝賀字句用作送禮；而只要抬起手，或者輕敲一下即可看時間。這個設計曾獲得德國紅點大獎、德國IF設計大獎、日本Good Design大賞等獎項。作為首創，o.d.m.獲得極佳的國際聲譽，也拿到很多訂單，生意最好時在美國、法國和新加坡都有寫字樓。

◉ | 市場逆轉仍待機再創造

2013年是鐘錶業的轉捩點。「最好的光景從2004年到2012年，2013年看到蘋果推出智能手錶Apple Watch，聞到味就停下，全部縮減（scale down）」。傳統錶業受到智能手錶的挑戰，崩市在即，蘇永強說這與他當時在美國的寫字樓看到生意不好，馬上就撤走轉戰法國似乎有些類似，總是第一時間根據市場做出反應，毫不戀戰。另一個縮減

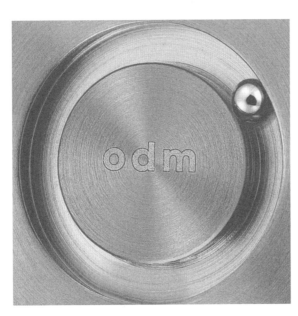

o.d.m.憑創新、簡約設計打入年輕市場。

TIMELINE

1978

蘇永強以「Paul So Co. Ltd.」作商號，專營手錶銷售業務。

1982

將公司定名時運達，業務以生產禮品手錶為主。

1984

初次回內地開設廠房，負責製造 OEM 的產品。

1989

深圳時運達生產廠房正式成立。

1990

「時運達」正式註冊，翌年開設海外分支機構。

1994

成為全國鐘錶業第一家成功獲得 ISO 9001 質量證書的公司。

1995

集團在東莞建立內地第二間廠房。

1996

獲香港工業署頒發品質優異獎。

1999

集團手錶生產屬自己品牌的手錶 o.d.m. 也同時在荷蘭開設歐洲分部。

2001

o.d.m. 進入內地市場，在深圳及上海著名百貨公司設立銷售專櫃。

2003

o.d.m. 在瑞士巴塞爾鐘錶展的國際館亮相，成為第一個香港原創手錶品牌在鐘錶展的國際館展出。同年，o.d.m. 登陸新加坡，作為開拓東南亞市場的基地。

2005

o.d.m. 在巴黎設立歐洲營銷總部，並同時進軍美國市場。

2013

o.d.m. 開始網上銷售

的原因是當時o.d.m.的核心四人團隊中的一人離開了，試了半年多都找不到合適的替代人選。所以他說「每個決定都是不知道行不行，只有去試，試錯然後再試，每個動作都要試才知道走不通。」

傳統手錶生意下滑後，蘇永強敏銳地捕捉到互聯網這個新商機，看到中國13億人口網上購物將是一個巨大的市場，他仍然看好手錶這個產品未來的前景。於是他找到內地三個年輕人做合作夥伴，將內地的銷售全權交給對方，合作夥伴果然將內地的網上銷售做的很好，80%是線上銷售，20%線下。但是沒過多久，蘇永強選擇了抽身而出，將o.d.m.這個他口中的「BB仔」交給了內地的合作夥伴去營運。因為蘇永強的兩個女兒都不願繼承生意，但更主要是他認為如今的鐘錶市場已經不似從前百花齊放，中低檔手錶被智能手錶、智能手機取代，歐美也缺乏市場，而品牌創新和市場推廣的成本越來越高，鐘錶廠轉為只做幾個大客戶的訂單，這樣是危險的。但是他並沒有完全放棄o.d.m.，他用51%的股份留著這個品牌，希望在合適的時機重建（rebuild）；而合作夥伴則全權負責生產和營運，時運達的兩間工廠也都交給合作夥伴去打理。

　　蘇永強坦言沒有水晶球看透未來手錶的發展，但這個產品必須跟科技、生活、起居，甚或我們的健康息息相關，至於鐘錶報時這個傳統功能，或許要經歷顛覆的思考，才可再創造出與其他事物融匯發展的可能性。

◉ | 共用空間導引創新

　　為了促進「再創造」和創新的步伐和過程，探索科技、鐘錶及其他產品的潛在發展，最近蘇永強開啟了一個新的專案，用他持有的寫字樓去做共用工作空間（co-work space）。有別於其他的共用空間沒有倉庫的缺陷，蘇永強可以提供倉庫、分銷、物流和生產。而他想找已經有一定經驗、有創新、有願景的年輕人合作。他希望可以用自己的經驗和多年積累的資源，幫助這些年輕人創業。如果對方需要投資，他也可以成為股東，

同股不同權，等將來生意做大了再賣回給對方，可以有很多方式，取決於
每個具體的個案，但他強調不是以前家長式的方法，而是需要這些創業者
自負盈虧，慢慢成長起來。提供這個既有物質資源，又有非物質資源的共
用空間，幫忙年輕人創業、發展，就是蘇永強晚年想做的事。

　　蘇永強一再提到，有創新才有明天。雖然不再親自做品牌和生產，
蘇永強卻完全沒有走開，反而即將成為創新產品的孵化器。他說未來會發
生什麼無法預估，而品牌的發展需要維持知名度，也需要設計和創新，需
要投入大量的資源，需要新科技的成熟，有很多「機緣巧合」，他還在等
o.d.m.的第二春。

蘇永強沿用「sweda」來命名共用工作空間。

TAKEAWAY

創新設計

創立 o.d.m. 前時運達已有成熟的設計團隊,可以為知名品牌客戶提供原創設計生產。1999 年正式推出自家品牌,以技術創新和時尚設計打造的時尚手錶獲得各類設計大獎,成功打開全球市場。

o.d.m. 最大的創新是 2004 年推出的 DD99 手錶,這款錶的熒幕可以滾動預先設置的「Happy Birthday」、「Happy Valentine Day」一類的字句,只要抬起手或者輕敲一下即可看時間。這個設計獲得各種大獎,也為 o.d.m. 取得很多訂單。

堅持發展品牌

從代工生產轉為發展品牌會面臨很多困難,蘇永強堅持不懈,用跟做生產不同的思路發展品牌,終於成功轉型。

面對現有代工客戶的質疑,以及大量的資源投入且短時間內收不回成本的壓力,蘇永強一邊以他的品牌規模很小,跟客戶不在同一個市場來勸說代工客戶,一邊分成兩組人分別做品牌和代工,區分思維和作業方式。

及時應變

蘇永強一再強調不變就會死,過去幾十年一路都在變。從做禮品到做代工生產,再到創立自家品牌,從線下銷售到線上銷售,都是一路跟著社會和市場轉變。

傳統手錶生意下滑後,蘇永強借助互聯網平臺轉變銷售方式,並退居幕後,將品牌的營運交予合作夥伴。他等待鐘錶業突破性變革的同時,並沒有停止創新的步伐,正在創辦孵化創新產業的共用工作空間(co-work space)。

CASE
STUDY
02

個案研究 ｜ 二

多方位發展的
鐘錶集團

運年集團

小廠如何兼顧原件生產、

發展自有品牌和

拓展零售網路？

擁有三個瑞士品牌和

一個原創香港品牌，

究竟有什麼經驗值得借鑑？

香港鐘錶
Hong Kong Watch & Clock

天普時以女性為主要銷售目標，設計上還會鑲嵌施華洛世奇水晶，增加女性顧客的購買意願。

運年集團由劉展灝於 1983 年創立，這個在荃灣做代工生產的 2,000 呎小工廠隨著訂單越來越多一路擴大到 15,000 呎。然而劉展灝不滿足於做廉價手錶，他認為用價錢競爭不是長遠之計，必須生產高檔次和高品質的手錶。1990 年，當很多同行為了降低成本去內地開廠時，劉展灝卻在瑞士開設 Renley S.A. 手錶裝配廠，成了香港第一家在瑞士開鐘錶生產線的廠家。

不僅如此，劉展灝緊接著開始收購瑞士本地鐘錶品牌。1992年，他成功收購了有百年歷史的名牌珍達斐（Jean d'Eve）、擁有80年歷史的時添雅（Sultana）和澎馬（Butler）三個瑞士手錶品牌。飛騰錶業也就此成立，管理和推銷旗下瑞士品牌，拓展東南亞市場。發展品牌的同時，劉展灝再次逆市而行，1999年在港開設鐘錶零售店「高時」（Global Timepieces），銷售各大名牌手錶和自家品牌。挺過2003年經濟危機後，已經在香港有多個門店的高時錶行迎來了2004年到2012、2013年這段手錶的黃金時期。

◉ | 發展品牌要耐心琢磨，眼光、資源、時機缺一不可

　　2004年劉展灝在品牌發展道路上再次邁出關鍵一步，創立了本地手錶品牌天普時（Temporis），主攻香港、內地、中東市場。2007年劉展灝的兒子劉燊濤從英國讀完書返回香港加入飛騰錶業，負責全資擁有的四個品牌的市場推廣、銷售策略、運營管理、售後服務等幾個大方向。這之前幾年他每年都在公司做暑期工，做過會計、資料登錄、物流、貨倉、零售等不同崗位，早已熟悉公司各部門的運作。

　　他說「剛回來那時是以品牌當道的大前提去做的，因為那時很多品牌發展都很好，人們意識到品牌的重要性，都希望擁有品牌帶來的自主權」。擁有自己的品牌不僅可以帶來更多利潤，還意味著全面的控制權，相比代理別人的品牌，可以更好地根據市場去調整品牌的發展方向。飛騰錶業在這方面搶佔了先機，已經擁有三個瑞士品牌和一個原創香港品牌，並且每個品牌都有各自的特點，例如珍達斐較高檔，時添雅偏大眾，澎馬是運動型，天普時較為時尚。不過劉燊濤坦言，雖然各有特色，但當時仍然缺乏清晰的品牌定位和發展路線規劃。例如天普時當時太過多元化，「有計時錶，有傳統的，有運動的，有顏色鮮豔的，雜亂無章。」劉燊濤

形容。對此，他和團隊為天普時制定了走女性化路線目標，因為他發現鐘錶已經慢慢變成一種配飾，而注重外形的女性在這方面有很大的購買意願。於是天普時在設計上選擇採用更多樣的顏色、材質，有些款式還會鑲嵌施華洛世奇（Swarovski）水晶，女款和男款錶的比例大概為五比一，價格多數定在1、2,000元。市場推廣方面邀請了胡杏兒做代言人，因她年輕有個性的形象，符合設定的天普時的品牌形象。

發展品牌需要很多資源，飛騰錶業不能在四個品牌上都投入同樣多資源，除了天普時外，另一個主要發展對象是時添雅。「2007、2008年內地市場手錶發展非常好，尤其是定價在4、5,000元的瑞士牌子賣的最好，當時的天梭、美度都是這樣，非常好賣，一個月一個店賣幾百枚手錶……內地所有牌子，無論是像我們這些小型的牌子，還是大型的牌子，都是以內地市場為目標去做」，劉燊濤回憶，在這種大趨勢下，時添雅也是以內地市場為目標。劉燊濤專門請瑞士設計師去內地看當地暢銷的品牌，學習它們的設計。在瑞士設計完成後，再從內地找錶蓋錶盤配件，錶芯是瑞士製造，裝配也在瑞士，百分百瑞士製造。當時人們都追求機械錶，機械機芯供不應求，價格不斷攀升，「2007年到2012、2013年，每個牌子的錶每年最少要漲價兩次」，時添雅也取得不錯的銷量。

另外兩個品牌珍達斐和澎馬因為本身特點更突出，受眾相對集中，沒有投入較多資源去發展品牌，而是通過零售商在海外地區銷售。比如珍達斐的錶盤都是半圓形很獨特，中東、歐洲還有臺灣比較喜歡；運動型手錶澎馬的市場則在歐洲。巧合的是，時添雅的英文名字「Sultana」，在阿拉伯語裡是指「公主」的意思，因此頗受中東地區歡迎；而時尚絢麗的天普時也得到中東人的喜愛。

◉ | 兩條腿走路：OEM與OBM生產模式並行

劉燊濤曾直言集團的一大成功之處在於整個生產運作更加專業，售後服務更為完善。目前香港的員工一共100多人，每個團隊都不吝嗇花時間去了解每個項目的客戶的要求，用專業服務而不是用低價去競爭。因此，雖然運年的報價時常高於其他廠家，需要高檔手錶的客戶卻會選擇與他們合作。

除了香港和內地的工廠，運年1992年收購瑞士品牌時也一併收購了一間瑞士錶廠，這個廠也會做外來的原件或原創設計生產。例如有中東客人的品牌希望在瑞士裝配，運年在香港的設計師做出設計後會在內地找配件、在瑞士買機芯，然後在瑞士裝配。由於手錶是門精密的工業，有很多微小複雜的計算，譬如錶殼的厚度，使用怎樣的材料，這個研發的過程由

運年在瑞士設有廠房，完成較繁雜的生產和裝配過程。

瑞士的設計師和工程師負責。當下原件生產和原創設計生產的業務更加穩定，成為近期劉燊濤工作的重點。

◉ │ 內地營銷管道

劉展灝很早就開始在內地布局銷售網路，1992、1993 年時在內地已經有自己的公司，在北京、上海、廣州各有一個辦公室，分別負責華北區、華中區和華南區的零售點，最高峰時他們在內地有150多個銷售點。在內地主打瑞士品牌時，添雅主要以鋪貨（consignment）的方式銷售，就是先把產品投放到零售點，賣出之後再分賬。由於這種鋪貨不需要買斷，零售商沒有成本和壓力，不會努力推銷，更不愛惜手錶，以至很多錶收回時發現有問題，甚至被換掉了機芯。劉燊濤看到這種狀況後，開始將其中做得不好的90間店舖的錶都收回，重新挑選比較好的店去做，給零售店壓力，最後變成有3、40個零售點的銷售網路。

作為香港製造的手錶品牌，天普時可以通過更緊密經貿關係（CEPA）協議，免關稅進入內地市場。劉燊濤說因為天普時的知名度是零，不能直接找商店賣，第一步就是通過香港貿發局的「設計廊」（Design Gallery）去推廣，設計廊在北京、廣州的實體店都有銷售天普時的手錶。有一定知名度後，天普時也被陸續放入銷售時添雅的銷售點。劉燊濤說：「在內地做生意沒有知名度的話一定要鋪貨，但要控制，要對手錶愛護，不要突然壞了機芯之類的。」天普時的策略是跟著香港貿易發展局走，在天貓上開店，但很快就發現天普時定價1,000 元以上的錶在網上算

運年在香港開設
零售店「高時」。

是價格比較高的，超出了網購消費者的預期；另一方面網上的七天退貨規則也給手錶的銷售帶來了很多問題。

◉ | 手錶黃金期之後

在2014年左右鐘錶生意開始下降。自由行客人的減少明顯影響了香港手錶銷量，手錶也不再被作為禮品相送，智慧手錶和智慧手機更是對人們的生活方式和整個傳統手錶行業帶來衝擊。幸好在2004年至2012年生意上升期時，劉燊濤已經有過擔憂，他深知沒有永遠的上升期，沒有盲目投資擴張，高時錶行1999年時有四間店，如今也只有五間。他說當時有些零售商盲目擴張，從四、五間店開到約20間店，甚至連原本不是做錶的商家也開始涉足鐘錶，後來市道不好，又要面對香港高昂的租金，經營變得非常艱難。

雖然運年較早時就把時添雅帶進內地市場，但劉燊濤說沒有好好把握當時的黃金時間，因為還是在用做代工生產的思維做品牌，只是鋪貨，計算價錢成本，而不懂得怎樣投資，「如果那時主力去發展品牌的話，現在的情況會很不一樣」。現在時添雅在內地主要與一些比較大的零售商比如亨德利、香港的時間廊等合作。

近幾年人們消費習慣改變之後，飛騰錶業也開始用社交媒體、網紅去推廣。劉燊濤發現網紅比TVB藝人的推廣效果更好，因為現在年輕人不會花時間看電視。劉燊濤通過公關公司找網紅推廣，成本也比請明星代言要低很多。

雖然未來充滿挑戰，但劉燊濤認為當人們習慣了智慧手錶之後又會慢慢回歸對傳統手錶的欣賞，正如曾經風靡一時的電子錶給機械錶帶來的衝擊一樣。他會把發展品牌作為一個長期的工作，想辦法保持品牌知名度。他說：「很多牌子已經100多年的，但就算Coca Cola每年都要花很多錢打廣告。現在發展品牌，可能要到子孫輩才能看到成果，是一項長期的工作。」

從創始人劉展灝到第二代接班人劉燊濤，這個鐘錶集團一步一步開拓進取，形成多個支柱產業：運年錶業做原件生產，飛騰錶業運營全資擁有品牌，高時錶行做零售。多足鼎立的走過了鐘錶行業的起起落落，還將繼續走下去。

TAKEAWAY

做高檔次高品質的手錶

　　劉展灝認為不應該用價格競爭，而必須生產高檔次高品質的手錶，才能真正立於不敗之地。

　　他1990年在瑞士開廠，是最早在瑞士開生產線的廠家，之後又收購瑞士手錶品牌，全資擁有了三個中高端品牌。在代工生產方面運年也始終追求高品質和高專業度，因此獲得很多高檔客戶的生產訂單。

明確品牌定位

　　劉燊濤對飛騰錶業旗下的四個品牌進行了定位和規劃，時添雅針對內地市場設計和生產，天普時目標在女性客戶，在鐘錶黃金期取得很好的反響。

　　天普時本身較為時尚，但太過多元化，缺乏清晰的品牌定位，為天普時制定了走女性化路線目標，在設計上選擇採用更多樣的顏色、材質，有些款式還會鑲嵌施華洛世奇（Swarovski）水晶，女款和男款錶的比例大概為五比一。

調整品牌發展思路

　　OEM與OBM生產模式並行，起初確實帶來可觀的生意，亦可以代工模式支持品牌；但代工生產和發展品牌的思路不同，後者應視作長期的發展策略，也要投入大量資源。

　　雖然較早就把時添雅帶進內地市場，但劉燊濤說沒有好好把握當時的黃金時間，因為還是在用做代工生產的思維做品牌，計算價錢成本，只是採用鋪貨的方式在內地銷售，而不懂得怎樣投資，沒有主力發展品牌。

個案研究 | 三

鐘錶科研兼融
企業家精神

———

瑞士億科

以 OEM 為主的公司
能如何發展往 ODM 業務？

怎樣制定科研的方向？
又面對著什麼限制？

STECH

SwissTech Limited

瑞士億科有限公司

廖偉文在 1981 年開始加入鐘錶行業,由學徒開始,輾轉經歷了兩次舊公司的改組,最後在 2005 年創立了瑞士億科,大部分員工都是在舊公司一起工作多年的同事和師弟。瑞士億科不但是做代工生產(OEM)的鐘錶生產商,廖偉文與這所公司同樣有雄厚的科研的背景,持續尋找技術的突破和意念的創新,現已演進至原設計代工生產物(ODM)的業務,曾為全球知名品牌如 Fossil 等設計及推出產品,更受到內地訊息產業部選中作為合作單位。億科的這些成就皆來自其科研技術的能力和策略。

◉ | 技術與科研根底奠定實力

廖偉文和他團隊的科研實力來自他們多年的實戰經驗,他形容老一派的做法:「以前的資訊流通比較弱,知識的傳送比較慢,所以老一派的人相信勤力做、肯做就可以了。」1970、80年代,不少瑞士公司的鐘錶生產工序轉移到香港,當時鐘錶的基本工序可以分為三個不同的領域:第一層,零件生產和組裝;第二層,機芯組裝;第三層,成錶組裝。大部分香港原有的錶廠都只是做成錶組裝,但瑞士公司在香港開設的工廠卻是三種工序皆包含其中,葵涌和黃竹坑是當期最興旺的地方。廖偉文在1981年入行,加入了瑞士公司在香港的錶廠,與他的師兄弟一同跟隨瑞士、法國和意大利的師傅學習不同的工藝,以及自動車床、精密沖壓等生產設備的使用方法,他們要能精確地生產出只有約六微米粗度的零件,並且掌握冶金學中熱處理、回火、硬化等零件改良工序,及後他在1982年更有機會前往歐洲國家學習。學徒經歷讓廖及他的師弟掌握了歐洲精良的生產知識與技術,成為了億科發展的基石。

1984年,精工石英錶的面世對機械錶市場帶來了翻天覆地的變化,機械錶每日的誤差可達30秒,但石英錶每月誤差才約15秒;另外石英錶只有40多個零件,相比200多個零件的機械錶來得簡單和成本便宜。石英錶的競爭力挑戰到機械錶市場,廖偉文工作的公司股東也因對公司前途發展意見相異而有所改組,他的師傅離開了另創一間公司,請廖偉文到新公司幫忙。在這個過程中,他被公司派到日本學習石英錶的生產技術,精工選用了一種有彈性的塑膠取代傳統手錶的彈性金屬配件,手錶中所用的微電機的電路和原理也跟機械錶有所不同,因此廖在進入新公司後,進一步有機會學習到日本的工藝和技術。與此同時,隨著經驗的增進,廖也獲提升為經理,可以開始參與公司的決策,並且實踐他技術發展和科研的理念。

廖偉文團隊研發了指針電子錶，以創新技術貼近市場。

◉ ｜生產技術革新和科研發展奠定市場地位

　　廖偉文在億科前身的舊公司工作了約13年，當中可以分為第一階段和第二階段。1992年至1997年是舊公司代工生產業務的上升時期，廖偉文看出降低成本及提升公司競爭力的關鍵在於公司能進一步開拓上游的業務，若能生產自己工廠使用的零件，減低對外採購的比率，將可大幅降低公司的運作成本。銅線是成錶生產其中一項主要的原料，所以作為第一步，他們在江蘇開設了全中國最大的銅線廠，工廠的產出全供自己的廠房使用，並且要在工廠中完善技術和工藝，例如拉線（deep draw），將一條一毫米粗的線，經過大概42項步驟，拉到像頭髮絲一樣的幼度，拉完後再以回放、高溫處理等將銅線加厚。為了將部分銅線做成繞盤（coil），他們也建立了鍍面的技術（installation）。

　　提到學習和建立這個技術的時候，廖偉文指出他既非名牌大學出身，14歲便出來打工，後來只讀過理工學院的文憑，但做科研並不困難：「R&D的策略真是十分簡單，任何事情只要活學活用就可以了。」他舉出了小時候放紙鳶，啟發他去做鍍面的事情。他小時候喜歡跟朋友放紙

鳶，當時的玩法是要比拼誰的紙鳶線的韌度最高，能夠把朋友紙鳶的線割斷，於是他找來一個食物罐打通了兩個洞，將線從中穿過，用樹葉在罐底下加熱，加熱的同時倒進膠水及打碎光管取得的玻璃粉，當膠水乾涸後，便變成了一條表面鍍有玻璃碎的線。他指出銅線鍍面的技術基本上也是相同的道理，他從以前的經歷中得到啟發，確立了這個技術。最後江蘇的銅線工廠發展成多條自動化的生產線，只要約十個人就能夠運作，在高峰期的時候，每個月產出差不多一噸銅線，即十億米長。除了銅線外，舊公司還有設立及改良了磁石的生產等等，向上游發展及完善生產技術讓他們成功發展到一個十分龐大的規模，在全球僱有5,000名員工，每月產能達1,500萬隻石英錶，佔全球消耗量的25%。

至1997年，廖偉文得到越來越多人的信任，在舊公司推動了第二階段的發展計劃，成立了專注研發的部門與業務。當時他受到瑞士師傅的質疑：瑞士的人才、技術和平臺都比香港好，為何要在香港做研發？但廖找到香港研發的機會所在：其一，有一些國際品牌開發了獨家的技術，如卡西歐（Casio）將電子顯示屏和指針由兩個分開運作的部件，變成了一個

內地員工工資低廉，成為與瑞士技工競爭的一大優勢。

一體化的產品，稱為指針電子錶（Ana-Digit），若能學習這項技術，讓本港的廠房擁有這方面的知識和生產能力，也是一種進步；其二，研發也有很多種，縱然瑞士在某方面可能更成熟，但香港也能找到自己有特色的地方；其三，香港佔有人力資源上的優勢：「你試想一下，1997年香港回歸前後，我們內地廠房的員工工資大概只是港幣1,000元，瑞士一名員工的師傅卻大概要港幣20,000元。」在瑞士聘請一名技工的價錢相等於內地的20名員工，因此香港的公司能以勞動力補救。

從這些方向，舊公司往指針電子錶和初代智能手錶的方向研發。他們很快透過一個簡單的創意成功研發了指針電子錶，因當時市面上的同類產品多會保留時針、分針和秒針，並加上背後的電子顯示熒幕，廖偉文和他的團隊作出了一個簡單的變化，只保留時針和分針，秒數的報時由背後的熒幕展示。這個創新雖然簡單，當時卻未有人做過，故立刻被美國品牌Fossil物色，並在全球售出了500萬隻。及後他們繼續在電子顯示的方法上創新，他們為熒幕加入了藍色和紅色兩種顏色，用家可以隨意轉換，宛如更換了錶面一樣，這個產品也賣了400萬隻。2001年發生了美國「911」

事件，舊公司決定以中國元素的手錶鼓勵美國人，將手錶的顯示時間由數字變成了書法，手錶熒幕上會以傳統中國書法書寫「囍」等等鼓勵性字眼，全字寫畢一次便過了60秒。廖偉文強調：「第二階段整個過程的變化，就是他們公司更貼近了市場，並且發現了他們很喜歡創新。」他們知道市道存在什麼的科技，以及可以用到什麼科技，然後以他們雄厚的投術和科研能力推動，獲得了很大的成功，在2003至2004年間，獲得了工業貿易署的多個獎項。

◉ | 以領袖的視野確立科研發展方向

2005年廖偉文脫離了舊公司，成立了瑞士億科，接收原有的研發部門、研究實驗室和獨立生產線，並透過以前的關係網，建立了瑞士、德國和內地的合作夥伴。瑞士是最重要的位置，提供大部分技術和方案，並且生產瑞士製的零件；德國是歐盟區的中心，方便接觸東歐國家；內地主力簡單的配件生產。在這個平臺配套之下，瑞士億科延續重視科研發展的方針。

在廖偉文的帶領下，億科以進取的策略引導科研的發展，而他們的策略與普遍認知的科研策略稍有不同之處。由於科研的初始投資高，並且在過程中亦需要持續的投入人力和財政資源，一般普遍將科研視為一個過程嚴謹和有序的項目，要經過大量市場和學術研究，才能開展，但廖偉文則認為科研的方向最重要是領袖的決定：「我覺得最重要是當事人、領袖如何思考，若然能夠作出正確的判斷，這樣便可以了。有很多研究，完成了評估才開始的話，起步上便太慢了，應該視乎作出決策的人，是否有這個膽識去走出這一步。」而廖形容自己的方向是「叛逆式的思維策略」，有時甚至會有情緒上的因素，他個人判斷到研發的方向能為產品增加價值，那他便會去做。

2010年開始的北斗衛星手錶計劃便是一個典型的例子。當年4月，四川成都訊息產業部的人員聯絡他，希望億科為解放軍生產北斗衛星手錶，廖亦在同年10月簽署了北斗宣言同意參與這項計劃。現時全球有四種衛星系統：美國的全球定位系統（GPS）、俄羅斯的格洛納斯系統、歐盟的伽利略定位系統及中國的北斗衛星導航系統。億科要研發一隻能與衛星交換資訊的手錶，能提供上山、潛水、有坐標、自動校時等功能。在最初期雖然從零開始，而且完整的衛星定位系統需要最少32顆，在億科參與的時候，中國只發射了六顆運作的衛星，要獲取研發的數據大有困難。然而，面對這個投資額及難度十分高的科研項目，廖偉文仍然

同意接受了，因為他相信機會來到需要把握，而這是一個值得投資的機會。經歷了多年的研發及與買方的交涉，2017年起，億科每月供應7,500隻手錶給中國解放軍，時至今日，北斗衛星已成功發射了28顆，並在2020年完成全部發射。

億科的案例展現了一所擁有雄厚生產技術和研發能力公司的發展歷程。但是，香港科研所面對的限制還是不容忽略，不同於大學結構受政府資助，以及國營企業得到內地政府支援，廖偉文表示香港的配套、投資及產業鏈對於科研機構的輔助皆不足別。在企業需要自己付出大量成本和風險的情況下，令到香港科研的步伐會變得緩慢，如億科曾與香港中文大學合作研發「香港機芯」，但最後的成果並不如理想，期望政府在將來會有更多的行業支援計劃。

TAKEAWAY

掌握生產知識和技術作為公司實力的基礎
—

廖偉文與他的師弟以學徒身份入行，跟隨瑞士、意大利等地的師傅學習工藝和機器運作的方式，並且對其加以改良。

他們在工房中學習零件生產和組裝、機芯組裝和成錶組裝，經歷過整個生產線運作的方式，對自動機床、精密沖壓等機器的運作都有掌握。在他加入億科的前公司後，擴展上游的生產線，並利用過往經驗，改良銅線、磁石等生產方法，提高廠房產能，降低成本。

科研可以從簡單的創意中突破
—

香港的科研配套和人才並不及外國，而且有很多知名品牌已經建立了專屬的技術，但仍可以簡單的創意，將現有方法改良，以及找到未有人涉足的範圍。

原本卡西歐（Casio）已經發展出電子顯示屏和指針一體化的產品，但廖偉文和他的團隊在指針上的秒針移除，以電子顯示屏展示秒數，瞬即變成了一項全新的產品，受美國公司Fossil青睞，在全球售出500萬隻。其後繼續為手錶的電子熒幕作出更多變化，可以更換顏色及以書法報時。

領導層的視野作為公司研發路向的方針
—

廖偉文認為完成完整的市場研究和評估才開始科研的步伐的話，起步上便會過於遲緩，所以最好應是領導層能快速及準確的訂立方向，有膽識地推動發展方案。

為內地生產北斗手錶是一項初期投資高昂、技術層面配套困難度高、受內地時局影響的項目，但廖偉文認為這是一項值得投資的項目，便決定由2010年起，投資近十年的時間去參與項目的研發和生產，現將在2020年迎來32顆北斗衛星全部發射成功。

個案研究 ｜ 四

中西合璧的
本地陀飛輪
新晉手錶品牌

萬希泉

新晉品牌創業時的

關鍵在哪裡？

以什麼策略讓

品牌持續發展和成長？

萬希泉由沈慧林（William）於
2011年創立，是一個香港製造的陀
飛輪手錶品牌，他善用了家族投資於
杭州手錶廠的生產技術，並將中國與
西方的工藝元素糅合，建立了這個富
有特色的品牌，其產品意念與宣傳策
略讓萬希泉由一個本地品牌，發展成
銷售全球的產品。

◎ | 品牌誕生的契機

　　William的父親擁有的手錶廠是萬希
泉現時的供應商，廠房的業務、發展與這
個品牌的出現息息相關。William家中業務
本來是做電子零件的貿易，他父親是中間
的批發商，在廠房裡購買「蜂鳴片」的零
件，後再分銷出去，後來在1986年入股投
資了杭州手錶廠，該手錶廠有差不多40年
的生產經驗，主要做機械錶芯，後來也有做電子錶，出口到世界各地，但
並無生產陀飛輪的經驗。

　　分水嶺發生於1999年，那時一個外國品牌客戶在參觀杭州的廠房後，
邀請他們嘗試生產陀飛輪手錶，並下了為數3,000隻的訂單。平時一隻機

1986

William 父親沈墨寧入股
收購杭州手錶廠

1999

杭州手錶廠首次成功生產
陀飛輪手錶

2011–12

創立萬希泉鐘錶有限公
司，並以代理業務累積資
本，其後推出了首批萬希
泉手錶。

2014

獲日本著名鐘錶檢測中
心「腕時計修理 マスター」
質量認證

2015

成立香港的工作研究室

2017

以 Jackson Seris - Jel-
ephant 系列打入美國市場

芯的售價只在兩位或三位數字，但該名客戶開出了每隻機芯五位數字的研發費，廠房抱著一試的心態，在廠裡專家的協助之下，廠房的師傅突破原有的技術限制，成功製造了陀飛輪錶芯。William 形容這個機會的出現跟「電子錶重擊」有關：「1980至1990年代電子錶盛行，衝擊機械錶，令傳統機械錶難以發展，有很多廠房停做，有很多機械錶的技術其實已經失傳了。相反，我們的廠房有強勁的歷史，所以保持到機器各技術。」之後廠房開始生產陀飛輪賣往世界等地，而這個工廠的工藝成為了萬希泉成立的重要背景。

在此，要簡單說明陀飛輪的複雜性與價值所在。大部分的手錶機芯都以「擒縱系統」及當中的「擺輪」去控制速度，但擺輪會受到地心吸力的影響，而慢慢開始出現誤差，因而令手錶的時間走偏。而陀飛輪手錶中的零件會放置在同一軸上運作，並在運行時360度轉動，從而降低地心吸力對手錶零件造成的影響，減低時間誤差。此外，陀飛輪手錶有超過200個組件，遠比普通機械手錶為多，製造工序更為複雜，所以能夠生產陀飛輪是工藝上的一大突破及建立了一大強項。

William 曾在美國康乃爾大學修讀應用經濟及管理碩士，因學習需要就以家中的手錶廠做研究對象，從微觀經濟學的角度探討中國工人的生產力與教育水平的關係。在研究過程中，William 了解到家裡的廠房為世界級的牌子做加工已經十多年，技術非常成熟，也充分認識到父親廠房的技術優勢。創立萬希泉的意念，就在這樣的背景下滋長。正好生產陀飛輪所需的廠房空間不多，但入場的技術門檻卻十分高，使產品難以抄襲，這令他萌生建立手錶品牌的想法。2009年修畢碩士回港後，William 先在投資銀行出任分析師，但之後與父母商討，父母答應給他一年時間讓他創業，父子二人在2010年投資成立萬希泉鐘錶。

◉ | 獨特的品牌風格及創業策略

創業時期，William 便一直思考一個問題——他的品牌到底要走什麼方向？ 他十分肯定不能模仿外國的產品，因

為抄襲的話即品牌會失去靈魂，短期之內或可生存，因為只要產品價格夠便宜，便容易找到買家，但長遠肯定不會被消費者接受。

所以他一直思考，最終從自己的成長背景與經歷之中得到啟發：「我血液中流著文化和工藝的血脈，由爺爺那代已經喜歡中國文化，他教曉我很多中國文化的事情，如道、佛、儒等傳統文化；父親則喜歡收藏，有一種工匠精神。」William小時候，爺爺常常用木雕跟他說中國的傳統故事；他的父親沈墨寧是一位收藏家，收藏了大量古典音樂盒、木雕及古代的木匾。因此當他看到父親的木雕收藏品的時候，他便得到了品牌的靈感：「歐洲的品牌成功是有賴歐洲的文化內涵，這些木製品鬼斧神工，也有幾千年的歷史；在美國讀書的時候也常常提到孫子兵法，我覺得我也可以用自己的文化去打造我們的品牌。」

於是，William視萬希泉為一個本土香港品牌，帶著中西合璧的元素，將西方陀飛輪的工藝與中國的木雕文化作出結合。當時市場上，高檔錶其實有幾種，如三問、萬年曆和陀飛輪等，這些都是結構上較複雜的手錶，但市場上並也沒有太強大的對手，William指出萬希泉的定位和風格更加沒有其他人做，所以大有可為。

然而創業之初，最缺的是資金。做設計、保持存貨、賣廣告等都講求很高的成本投入，但他當時並沒有那麼多資本。同時，他發現杭州手錶廠一直代理不同品牌手錶，由於做廠和做品牌是兩個不同的做法，廠房不懂打理那些品牌。所以他接手代理名錶業務，結果生意不俗，每個月賣20隻錶左右已經帶來了可觀的收入，半年後便賺到了第一桶金。代理生意更為他提供了一個安全區，並利用代理手錶所積累的資金做了第一批自家品牌的存貨。William坦言代理業務的風險少，但卻能持續帶來收入，若然急於推出自己的產品，反而有可能失敗告終而招致血本無歸。幾經掙扎後，William 開始考慮零售市場的情況。零售有分淡旺季，聖誕、新年、情人節等生意會特別暢旺，若然錯過了這些時機，那接下來一年虧本的機會便甚大。William 看準正值11月至2月的黃金期，衡量過機會成本之後，他決定要出手！

當時William沒有資金聘請龐大的設計師團隊，於是由他自己親自設計錶款。萬希泉的產品特色以木雕為設計重心，手錶的零件大多設計成雕刻的形狀，再配上杭州廠房生產的機芯，以及從供應商採購玻璃和皮帶這些外部零件便可組裝成錶。他在A4紙上貼上一個個圓形的手錶圖案，再把木雕的照片剪貼上去，作為圖版，之後拿到廠房去說服師傅依圖樣做產品。起初要說服舊員工接受新的設計頗有難度，因為錶底要大量的雕花，還要鑲上足金和寶石，令到錶體結構變得脆弱，整個生產流程變得更複雜。不

過他們廠房的強項一直都是微雕，加上慢慢游說員工，最終產品進入了投產，生產了萬希泉的第一個系列——「麻姑壽星」。古人為老人慶祝生辰時有男女之分，男者稱為壽星，女者稱為麻姑，各有不同的文化意象：壽星通常額禿頂廣、鬚髮盡白、面容紅潤；麻姑則手拿著自製的壽酒，一手拿著王母娘娘贈送的仙桃。在「麻姑壽星」系列，William以木雕的方式將兩者刻在錶面之上。接著他跟同事將50件試業品拿到不同的零售錶行中賣，跑了差不多100間店舖，雖然最後只有幾間錶行和珠寶店接受寄賣萬希泉的產品，但他們獲得了十分正面的成果，在兩星期內便賣清了，由此正式踏出了萬希泉業務的第一步。

William總結創業時期的經驗，創業除了需要獨特的創意思維，他認為更重要的是踏出第一步的執行力。與30年前的創業模式比較，現在的資訊發達，信息量十分龐大，若想研究一個項目，或提出一個商業模式的計劃書，是一件十分簡單的事情，但他指出：「我們有時花太多時間在做研究與市場調查，與其再花100萬做研究，遠不比踏出第一步來得更有效率、更快地接觸市場。一邊試驗，一邊調整，心裡雖然有一點壓力要闖過關卡，但這是我向前輩學習的地方。」

◉ | 擴大市場面向、深化品牌內涵

萬希泉其中一個最大的特點是只賣陀飛輪，不賣其他機械錶，在同業中卻是別樹一幟。因為萬希泉有自己的機芯廠，可以撤除了透過中間供

應商取貨的不便和額外成本；另外他們在香港裝焊，減少了註冊品牌的花費，品牌的特色因此變得更鮮明。雖然具備這些有利條件，但他們更需要在市場行銷和品牌的深度上著力發展。

萬希泉的產品定位是「平民化」的陀飛輪手錶，價位由幾萬到幾百萬元都有，初期的客戶都是一些資深的手錶收藏家，他們會收集不同類型和牌子的手錶，萬希泉作為一個價錢合理的本土牌子，也吸引了一批收藏家，但也有部分收藏家認為陀飛輪太貴而沒有購買。

不過William的目標是拉闊客戶的年齡層和階層，讓更多人能感受和佩戴陀飛輪手錶。

為此，萬希泉採取了「游擊式」的市場策略，除了核心的古董系列手錶外，他們與社會上不同行業的名人合作，由他們擔任手錶設計師，親自設計萬希泉手錶。例如萬希泉與知名桌球手傅嘉俊合作，以體育精神為主題，手錶上的時刻都是英式桌球檯的進球洞，在1點、4點和7點的時刻上更特意鑲嵌了黑鑽石，代表了英式桌球滿分147分的意思，亦是傅嘉俊開局最高分的紀錄。這些系列為品牌注入了新元素，並且有效地吸引到市場上的目光和話題。2017年William透過朋友介紹，認識到Jackson Five樂隊的殿堂級歌手Jermaine Jackson，並與他合作設計Jackson Seris - Jelephant陀飛輪。這隻手錶成為萬希泉打入美國市場的首款手錶款式，他們隨之在紐約時代廣場百老匯大街1501大廈開設展覽廳和公司，拓展業務至美國市場。除了名人產品設計，William心目中的中西薈萃同時包括西方流行文化的內容，他們推出了《星球大戰》、《復仇者聯盟》、《變形金剛》、《高達》等等風行一時的電影主題手錶。除了產品設計方面，萬希泉亦透過其他媒介宣揚品牌，同年他們與歌手陳曉東合作，陳曉東編寫及推出了粵語新歌《時間做證》，有一句歌詞為「還要這雙眼看穿心靈才奉信諾言」，配合同名手錶系列的鏤空設計，還有「時間是最好證人，旁證幾多的蛻變」，兩者以歌詞與產品設計互相呼應，是一次別出心裁的做法。社會名人都有其本身的忠實擁護者，透過「游擊式」的crossover系列，是萬希泉開拓新產品線與新市場的重要方法。

產品線日新月異，William卻指出產品本身始終是他們品牌的生命泉源：「以我的品牌為例，如果陀飛輪產品質素和做工出現大問題時，我們賣力地宣傳推廣，只會加速品牌的滅亡。」這話於2015年得到驗證，「佔中」事件之後，外匯匯率波動及股票市場動盪，香港零售業面對惡劣的市場環境，很多品牌都採取後撤的策略，萬希泉卻逆向而進，投資了幾百萬成立研發工作室，並增聘幾名師傅。他相信在市場不景氣時所作的投資，可讓師傅把握時機學習和熟練技術，待經濟回轉時團隊便能搶佔先機。當

時內地生產的零件會送到工作室檢測，香港組裝工作室則主要從事研發機芯機械，以及研究藍寶石玻璃錶面可以整塊鑲嵌的技術。陀飛輪本身已是一個很成熟的工藝，但William希望萬希泉能精益求精，深化設計的心思，輔以技術的改進，讓產品的品質持續提升。譬如近年的「星恆」系列是一個大突破，萬希全研發出可以直接將一塊立體藍寶石玻璃鑲嵌在錶面的技術，讓萬希泉手錶的產品設計能再進一步。

現在萬希泉於全球20多個國家設有業務，除了香港的50多個零售點之外，日本是最大的輸出地，有20個零售點。他們的手錶還通過日本著名鐘錶檢測中心（腕時計修理マスター）從正反左右上下六方位作走時和防水測試，品質受到認證獲得證書。未來，萬希泉會朝著開拓更多海外市場的目標進發。

TAKEAWAY

從成長經驗中構想品牌的風格和路線

—

William 創業初期為如何設定品牌路向而苦惱，因為他不想抄襲歐美的品牌，但也難以輕易找到靈感，最後從個人成長和傳統文化中找到方向。

William 很早已確立要打做陀飛輪錶的品牌，問題只是怎樣打造陀飛輪的靈魂。最後他在父親的木雕收藏中得到啟發，他自幼受到祖父與父親在中國文化方面的薰陶，父親更是木製品的收藏家。這個成長背景好讓 William 糅合西方工藝與中國工藝的元素，創造一個香港本土品牌，成就了「麻姑壽星」、「天恆」等一系列富有中國文化意象及木雕特色的產品。

創業起步的執行力更重要

—

萬希泉作為新晉的牌子，沒有花費大量時間和金錢去做市場研究，或調查消費者的喜好，William 相信提起勇氣踏足市場，是最有效的創業第一步。

萬希泉第一年的業務以代理杭州手錶廠的不同牌子開始，不但風險低，而且能夠帶來可觀的收入，相反要做自己的產品投放到市場之中，則面對著一鋪清袋的風險。但 William 最後決定趁著聖誕節及新年的零售旺季，做出 50 隻試業產品到市場中賣，成功在兩星期內清貨。這次經驗既可以探索消費者的喜好，也讓創業者邊學邊做，逐步調整市場策略。

透過大量及多元化的 crossover 系列拓展市場

—

陀飛輪本屬於高價手錶，買家只限於負擔得起奢侈品的客戶與鐘錶收藏愛好者，但萬希泉定位為一個平民化的陀飛輪牌子，並透過與國內外的名人合作，推出獨特的 crossover 系列，造成城中的話題，開拓新的市場和客源。

萬希泉曾與本地明星鄭中基、傅嘉俊、雷頌德等人合作推出過由他們設計的特別版系列，又取得《星球大戰》、《復仇者聯盟》等西方潮流文化代表推出電影主題手錶，更藉著與 Jamaine Jackson 合作的手錶款式打入美國市場。

GARMENT MANUFACTURING & FASHION

2

製衣及時裝

本章收錄的案例闡釋
工業家如何改造生產方式、
供應鏈流程和創新產品意念，
藉此維持企業在
紡織及製衣市場中的競爭力。

香港的
紡織及製衣業
簡介
INTRO-
DUCTION

現代紡織與製衣業是個複雜的生產系統，它涉及「紡」、「織」、「染」、「縫」四個相互關聯但卻各自形成專業分工的產業市場。「紡」是指由棉紗廠將棉花紡成棉紗；「織」：是由布廠利用針織或梭織技術，將棉紗編織成胚布；「染」：由漂染廠將胚布漂染；「縫」：由製衣廠將布匹縫製成衣服。

戰前香港由於缺乏水電基建和熟練的技工，加上氣候不宜，本地沒有棉紗廠，香港的織布廠要透過入口棉紗才能營運。二十世紀初，布廠大多自設製衣部門，以「一條龍」生產方式統合織、染、縫等工序。直至1930年代，才開始出現獨立的製衣廠，較著名者包括「廣興泰」、「國民內衣」、「國興製衣」等。

二戰結束後，1947年上海商人李震之在香港創辦大南紗廠，他發現機械運作產生的熱力，能抵消空氣中的水分，令棉紗的品質不致因潮濕天氣而受影響。這發現令一眾擔心中國局勢不穩的上海資本家，下定決心將資金和技術轉移至香港。至1954年，香港已有17家棉紗廠。本地棉紗廠的出現，為本港的製衣廠提供本地棉紗作原材料。同時，製衣廠亦由戰

前製造生產內衣為主，改為以生產恤衫為主。戰後初期，本地生產的棉紗和成衣，主要供應本地市場，但至 1950年代，亦開始出口至亞洲各地。1960 年初，受惠於英聯邦特惠稅，棉紗及成衣出口更開始遠及印度、錫蘭，以至英國、澳洲等英聯邦國家。此外，本地製衣業的銷售模式亦漸生變化，自1950年代末開始，一些製衣廠在歐美開設辦公室，或透過代理商與老牌時裝公司接洽，開展了代工生產模式。代工生產龐大而穩定的訂單，迅速推動本港製衣業的發展。

　　1970、80年代，是香港紡織及製衣業最為暢旺的年代，1970年代的紡衣業總出口額達到 1,443億，較 1960年代299億上升近五倍；其中 1973至1985年間，港產服裝出口更有12年高踞世界之首，長期佔本地生產出口總額 30至40%；同時，紡衣業亦是全港從業員最多的行業，1980年超過12萬人從事紡織業、逾26萬人從事製衣業，佔製造業人口約 43%。而自 1970年代起，部分成衣廠更著力發展自家品牌，開設銷售品牌；或投資本牌代理權，甚或收購歐美品牌，帶動本港時裝業發展。

　　然而，本地紡衣業亦非一帆風順，其中最困擾業界的是配額問題。自1950年代起，歐美國家已開始設立貿易保護措施，限制其他地方的紡織進口數量。1974年，香港與歐盟和美國訂定「多種纖維協定」，有系統地為各種紡織品設定配額。隨時間推移，受限紡織品的種類越來越多，至1986年，九成輸美紡織品都受到配額限制。

　　在配額限制之下，首當其衝受到打擊的是紡織業，自1976年起，香港多家紗廠相繼結業，部分廠商則乘內地改革開放，將廠房遷至內地。此外，1989年政府設立渠務署，推行排污措施，一些未能設立污水處理站的漂染廠亦被迫遷移或結業。製衣業方面，自 1970年代起，為了避過配額限制，一些廠商嘗試遷移至未有配額限制的地區設廠；1980年初中國改革開放，加上本港工資及地價不斷上漲，製衣廠商紛紛到內地設廠。然而，製衣廠北移的高峰期是 1980年代末至1990年代初，1990年全港尚有超過 31萬人從事紡衣業，佔製造業人口約34%，與 1980年相若。但至2000年，全港紡衣業從業員只剩60,000多人，工廠數目亦由1990年13,000多間，急跌至4,000多間。

　　自1990年代初工廠北移後，香港漸由紡織品生產中心轉型成銷售中心，從事品牌、採購、物流、會計和服裝設計等工作。透過轉口，香港仍然維持強勁出口數字，1990年代的紡衣貿易總出口額達到25,000億。不過，2000年後，本港紡衣業又有新的挑戰與機遇。世貿組織在2005年取消了紡織品配額限制，令本港業界直接受到新興工業國家較低廉的價格挑戰，而其後美國和

歐盟對來自中國內地的紡織品採取市場保障措施，更令業界雪上加霜。但同年內地與香港簽訂CEPA補充協議二，港商向內地進口紡織品可享有零關稅優惠；加上，2009年歐盟對中國的紡織品及服裝產品限制放寬，美國也不再實施配額限制，故本港紡衣業未有受到嚴重打擊，2000至2010年紡衣貿易總出口額更達到近30,000億。

近年來，雖然本地紡織及製衣業的就業人數仍在萎縮之中，但本港一直都沒有脫離製衣業的整個生態系統。雖然大部分生產基地已移到內地，但本港仍扮演著生產總部與商業決策的角色，亦有不少企業回港設立一些新式業務。而行業中的企業也在不停地摸索著前進的方向，他們由外國引進先進的機器，改善傳統的生產方式，並以此為基礎，開始進行很多自主的研發，在技術和產品上進行創新，提升競爭力。另一方面，大部分傳統的紡織及製衣公司都是以代工生產為主要業務，但近年不少傳統企業都開始革新整個商業模式，建立自家的品牌，開始接觸零售業務，讓企業由產業鏈被動的後方直接走到前線；更有很多新冒起的時裝設計公司，以本地元素或不同文化符號作為設計的藍本。故此，香港的紡織與製衣業的確一直處於變化之中，但在變化之中持續發掘著本港的定位，以及前進的方向。

本章選取的案例側面反映了近20年紡織及製衣業的業態，但更具參考價值的是這些案例揭示的商業及生產模式、設計思維、技術及訊息管理、營銷策略的變化，從它們身上一窺業界企業家的創造性精神和魄力，以及推動紡織及製衣業前行的努力。

CASE
STUDY
01

第二章 CHAPTER 2

個案研究 ｜ 一

信仰、時裝、互聯網

AMENPAPA的創業轉型之路

如何用宗教信仰
打造時裝品牌？

一路開舖的
本地潮牌為何朝
電子商務轉型？

AMENPAPA

2010 年，香港本地時裝界突然冒出一個新潮牌，成為一眾明星達人追捧的時裝品牌。更令人意想不到的是，這樣一個爆紅的新品牌，竟然真如其名——Amenpapa，是以《聖經》故事為主題的。宗教元素究竟如何與時尚服裝潮流碰撞出火花？Amenpapa近年從實體店零售轉向電子商務，箇中又用上什麼策略？

◉ | 周末嗜好一炮而紅

　　Amenpapa的三位創始人任嘉雯（Salina）、潘正輝（Geoff）及陳偉豪（Leo）都是基督教徒。廣告業出身的Salina曾幫不少知名服裝品牌做過市場推廣。她當時的男朋友、也是現在的丈夫Geoff和好友Leo從2006年一起創業，從事建築、室內設計和工程項目。Salina當時剛剛信主，最先想到可以用服裝作為一個平臺去傳福音。Geoff和Leo也都認同這個想法，於是三人就這樣憑藉簡單而純粹的意念便開始了創業之路。

　　開始時他們只把時裝設計當作周末嗜好，找來做時裝設計的朋友幫忙設計十款T-Shirt圖案，又請朋友介紹工廠，每款生產了100件，本想著送給朋友穿，也可以放在網上銷售。沒想到獲得朋友之間好評，口耳相傳，竟然穿針引線送給鄭秀文穿，也吸引一些明星開始穿上，創造了一股熱潮，

Amenpapa 將《聖經》故事或金句,用圖案或文字印在 T-shirt 上,引人共鳴。

就連Harvey Nichols這樣的國際分銷商也找上門來尋求合作,Bauhaus也成了他們的分銷商。於是他們開始認真的對待這盤生意,聘請了第一個員工。

◎ | 不是簡單的傳遞信仰

Amenpapa的走紅絕非拿信仰作噱頭這麼簡單,仔細看每件衣服和配件,會發現箇中充滿了創意、趣味和思想。例如有一季的主題叫「power of the tongue」,《聖經》裡面說口舌可以讚美人,也都可以殺死人,其實就像一把刀,可以被包裝得很好看,同時可以傷人;他們把這意念轉化成設計元素,便構成了T-shirt上一幅設計美觀的雪條圖案,但仔細一看會發現原來雪條棒卻是把刀,背後的意義就是不要隨意評判他人。Amenpapa的每件衣服都盛載這樣的設計意念,用圖案或文字表達一個《聖經》故事或一句金句,或抽象、或絢麗、或幽默、或深刻,讓人可以從圖

Amenpapa 連店舖裝潢也加入《聖經》元素。

像中思考其中的意義，從而產生共鳴。

　　三個創始人也不是簡單地照搬《聖經》故事，而會根據當下的社會議題和痛點，從《聖經》中尋找富睿智的答案。例如有一季講「break it」，意思就是脫離這個社會，因為當下很多人有精神困擾，想跳脫所有壓力。Leo說他們相信醫治人很多時候要先醫治心靈，醫治壓力，這其實是社會問題。像這樣的創意的產生，少不了對《聖經》的深入理解，也來自對當下社會的關注和接觸，只有這樣才能產生觸動人心的效果，才能傳達他們希望傳達的愛、讚美和祝福。《聖經》為Amenpapa的設計提供了源源不斷的靈感，而Amenpapa的設計令這本有2,000年歷史的老書潮流化。

◉｜從快速擴張到收縮轉型

　　由於有賣點有創意，創始人本身也有一定的資金積累和市場推廣、品牌經驗，Amenpapa前期的發展可謂開業順利。起初兩年公司只做批發，到2012年在新港中心開第一家零售店，高峰時期Amenpapa在香港有七家自設零售店，加上分銷商有幾十個銷售點。Leo他們的建築背景及與地產商交往的經驗也發揮了作用，在香港作為新晉品牌想在大商場拿到舖位並非易事，幸好Leo了解發展商是通過國際代理機構處理招租事務，於是他們找來對接的代理商對品牌進行包裝，成功拿到新港中心的舖位。2012年往後數年正值自由行熱潮，香港的批發和零售生意十分暢旺，Amenpapa的業務於是一路擴張。

　　然而這種發展模式只持續到2016年。約於2012年至2016年期間，電子商務開始騰飛，傳統零售批發業將面臨商業模式的重大變化。此時的時裝零售業也受到多項不利因素的夾擊：快速時裝品牌的崛起、自由行客人的減少、香港的店租則一路上漲……這些因素無疑對零售生意帶來極大的挑戰。Amenpapa切身感受到大勢的轉變，用Leo的話來說，看到「業績一直下跌，每個店舖都在虧蝕的時候，紅燈就亮起來了，就真的需要變了」。於是2016年Amenpapa開始轉變商業模式：公司從精簡人手著手，從60人縮減到20人，關閉多個零售店，並開始登錄內地天貓、微信平臺，嘗試開拓電子商務的商機。Amenpapa自設的零售店雖然大幅縮減，但國外的批發和零售業務仍可持續，至於香港市場，Bauhaus和Harvey Nichols仍是Amenpapa的分銷商。至今，Amenpapa在香港保持十多個銷售點，全球銷售點約有6、70個。

2016年是Amenpapa 從傳統零售兼批發業務的模式轉向電子商務模式的重要階段，而且轉型過程帶來的陣痛是深刻的。公司要重新學習如何處理線上、線下、互聯網各項商業運作的模式，Amenpapa用了兩年時間不斷嘗試和實踐，終於摸索出適合自己的電子商務的發展方向。

首先，網路行銷的成本越來越高，Amenpapa於是不再在網上直接下廣告。由於通過打廣告或是在天貓一類網購平臺促銷的方式，吸引客戶的成本逐年上漲，而且網上競爭激烈，Amenpapa意識到不斷投放網上廣告的行銷方法只會不斷消耗公司資源，做法也不是Amenpapa這種規模的品牌可以承擔的，於是公司轉而與專攻內容創作的網絡自媒體（we-media 或self-media）合作。不同於其他品牌，Amenpapa以說故事方式來傳遞理念、態度和信仰。夥拍好的網路作者，Amenpapa把故事內容分享給客戶、感動讀者；同時這些自媒體創作者的粉絲讀者群龐大，為品牌在網上帶來很高的認受度。

另一個策略就是與其他品牌合作，分享彼此的客戶群。由於信仰的支持，Amenpapa樂於每天為客戶發送祝福語，過程中也為客戶提供促銷、折扣等訊息。用這種分享資訊的方式聯繫自己及合作方的客戶群，讓 Amenpapa迅速倍增客戶群。以上兩種策略，目標都是從線上管道吸引客戶進行消費，將流量轉化為零售額。

第三個策略則是進駐更多的網上銷售平臺，例如Zalora、Net-a-porter、ASOS等。這些平臺在挑選品牌的時候大多是以網路流量為評選標準的，而不是線下的人氣或聲譽，又或品牌在紙媒或其他媒體的曝光度。這也決定了前兩項策略的重要性，只有通過內容創作吸引更多網上流量，以及與其他商家共用流量，才有機會登錄這些大型的網購平臺，從而增加網上銷售量。

網絡世界變化太快，Amenpapa也在不斷學習和適應這個新世界。現在Amenpapa於天貓平臺上的銷量每年有兩位數的增長，

Amenpapa 以《聖經》為靈感，以時裝設計醫治心靈，令顧客會倍感親切，建立消費群。

網上業務已經佔總業務量的20%，2019年有望達到30%。為了更好配合數碼化的營商環境，Amenpapa的設計也要做出相應調整，不論是顏色、圖案，還是影像的選取，都要考慮網路受眾的觀感。Leo直言相關的設計已經不是單純講求設計思維（design thinking），而是數字思維（digital thinking）了。

網絡平臺是虛擬世界裡的一片浮萍，但Leo有一個夢想，他希望Amenpapa有一天可以成立一個主題青年旅舍，讓品牌從天空落地，進入社區、感染年輕人。雖說這是個夢想，但Leo相信也許它真的可能發生。他相信神的安排，從創業到轉型，Amenpapa的創業者都是滿懷著信念，憑著傳遞信念，緊隨潮流，大膽前行。希望有一天他們可以圓夢。

TAKEAWAY

品牌內涵、社會現實與時尚設計雙結合

Amenpapa 以《聖經》故事作為設計理念，結合當下社會議題，用有趣的設計，以時裝平臺為媒介，傳遞關愛與祝福，成功打響品牌。

例如當下很多人有精神困擾，想脫離所有的壓力，Amenpapa 有一季叫「break it」，意思就是脫離這個社會，用這樣的主題回應這個社會問題，產生觸動人心的效果。

抱擁數字新思維

踏上電子商務征途，公司要重新學習新思維，從設計、行銷方法，乃至了解受眾群的網絡習慣與文化，重新摸索符合公司發展的商業模式。

網路行銷的成本越來越高，通過打廣告或是在天貓一類網購平臺促銷的方式吸引客戶的成本逐年上漲，而網上競爭激烈，Amenpapa 意識到不斷投放網上廣告的行銷方法只會不斷消耗公司資源，做法也不是 Amenpapa 這種規模的品牌可以承擔的，於是公司轉而與專攻內容創作的網絡自媒體（we-media 或 self-media）合作，以說故事方式來傳遞理念、態度和信仰。

緊隨潮流，推動數碼營銷策略

Amenpapa 在意識到傳統零售批發業務下滑後，積極轉型，實踐各種數碼化策略，開拓電子商務業務。公司以創作網媒內容、與合作夥伴分享客戶群的方式，從線上引流客戶到線下消費，同時增加網路流量登錄各大網購平臺。

由於信仰的支持，Amenpapa 樂於每天為客戶發送祝福語，過程中也為客戶提供促銷、折扣等訊息。用這種分享資訊的方式聯繫自己及合作方的客戶群，讓 Amenpapa 迅速倍增客戶群。

個案研究 ｜ 二

建立新系統
學習新方法

潤成集團

機器密集的整染廠

能以什麼策略達致

環保的目標？

總部與生產基地

分散中港兩地的廠家，

能以什麼系統

有效地管理訂單及廠房？

潤成集團由吳榮治所創辦，其歷史可追溯至 1978 年及 1984 年在香港成立的順成整染廠及有成整染廠。順成主要做「洗水定型及後處理」等單項式加工，有成則牽涉較複雜的生產包括棉紗及布料染色等。整染廠與製衣廠的生產模式大為不同，過程為機器密集，並要使用大量的水作染色，因此染廠的排污量甚大，而那時亦未有先進的環保技術，所以受到多方的壓力要遷移。兩條生產線也分別在 1981 年及 1990 年搬到了東莞及開平，成立了「潤成整染廠」。

◉ ｜整染廠長期面對的挑戰

內地經歷了改革開放後，發展迅速，近年也開始關注環保問題。在成本效益上，廠房在生產過程中產生的廢物、廢水、廢氣，最終也要由廠家自己去處理，而且生產過程製造的廢料越多，表示生產線的效率越低，增加了大量額外的成本。由此可見，處理環保問題及控制生產成本一直都是整染廠所面對的挑戰。另外，與不少其他生產線北移的廠房一樣，潤成的總部仍然保留在香港，所以接訂單、跟客戶溝通、商業決策等業務還是繼續在香港進行，要讓香港的商業信息與內地的生產信息準確及完整地交換，是潤成所面對的另一個挑戰。

吳慧君（Jackie）在2002年加入了父親的公司，幫手打理家族的業務。她加入公司後，為公司帶來了兩大發展上的變革。其一，她推動公司由單純代工生產，加入了布料貿易去賣自己的產品，為配合製造自己產品的過程，引進先進的環保生產線和研發功能性的布料；其二，她改革了公司的企業信息，大大地加快了公司運作的效率，更長遠在打造雲端的數碼化信息系統，讓廠房運作的編排及商業決定能更為精準。這兩方面對於傳統的廠房皆是難度甚高的項目，但Jackie和她的團隊決定在這些地方從頭學習，重新熟習使用新系統的「橋妙」（know-how），達致今天的成果。

◉ ｜引進布料貿易──作為發展環保產品的契機

在2002年Jackie加入公司時，潤成的生意全都是接代工生產的訂單，但Jackie觀察到公司其實有足夠的配套做自己的產品，只是沒有一個銷售團隊去接觸客戶，所以一直在做加工的業務。而且那時的布料市場十分蓬勃，對於產品的質素和要求並沒有劃一的標準，基本上夠便宜的產品便能出售。她認為公司需要更進一步，並非只是拼價錢，其質素應能夠跟市場上其他產品競爭，並且透過這個過程，增加現代化的生產系統。

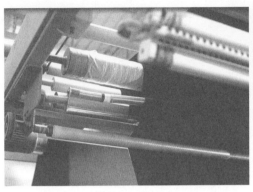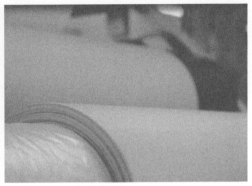

潤成花時間和金錢學習新方法，也使其產品與別不同。

潤成生產的布料產品有兩方面的定位：環保及功能增值。

環保上，布料的物料都是使用天然物料，基本使用極少全聚脂纖維（Polyester）或尼龍（Nylon）的產品。除了生產原料，潤成也追求在生產過程上採取源頭減廢及減耗控制的策略，引入新型環保生產線，減少生產過程有害副產品的製造，讓後續需要處理的污染物大大減少。以潤成核心的染布生產線為例，潤成不同種類的消耗引進了歐洲的連續式生產線取代傳統的染缸，大幅降低了用水量和能源的耗用。

Jackie對比新與舊染色方法的不同：「你想像一下，一塊布料浸在水中十多個小時，相比這個長形的生產線，『雀』一聲便完成了，而且只需要使用少量的水，兩者用水量的差異實在很大。」

由於新的生產線與舊式的完全不同，雖然投入的原料完全一樣，但放在水中十多小時的布料與只接觸少量水的布料，在形狀及結構上的差異很大，而每一種布也有其各自不同的做法，故Jackie表示：「所以那一刻，其實沒有太多人敢採用這些生產線，因為直接做出來的成品跟原有的產品完全是兩回事，但就是要花那個時間去學習怎樣調較機器」，所以潤成決定不惜花費時間去重新學習，如何調節新機器做出與顧客要求規格相符的成品，這亦成為了潤成獨有的「橋妙」。

TIMELINE

1978

潤成整染廠的前身是順成整染廠及有成整染廠，並發展出兩條主要的生產線。

1981

潤成將單項式加工生產線遷到東莞。

1990

潤成將較複雜的布料製造和染整生產線遷到開平，正式成立了潤成整染廠。

2002

吳慧君加入父親的公司，帶來了一系列的變革。

◉｜引進布料貿易——開發功能布料市場

　　潤成的產品第二個定位便是功能布料。

　　在尋找研發的方向上，Jackie指出要在行業裡保持活躍，留心客戶面對著什麼問題，留意社會對於服裝的要求，便可以找到發展的方向。譬如功能性布料在約20年前已經有人討論，但當時人們覺得很貴，又要在很獨特的條件下才有用，但近年開始增加了相關的討論，漸漸普及，所以他們決定去研發。研究過程上，潤成採取了一個「融入策略」（Blend In Approch），並沒有設立一條獨特的研發團隊，而是牽涉銷售、市場推廣、

潤成研發新的功能的功能布料，革新產品，打入中、美市場。

生產等不同部門的同事，一同去參加展覽會及接收同一堆市場訊息，然後
一起討論生產工序或產品上可以去做的地方，再交由內地的生產部門嘗試
執行。

　　如此，潤成與其合作夥伴便開發了如「透氣疏水」及「濕氣管理」
的布料。譬如棉質的布料，本身會吸水，但「透氣疏水」功能布料會讓表
面的水流走，但又不會像風褸表面上的化學料讓衣服變得很焗，而是維持
很透氣。另一個例子是「濕氣管理」的布料，若然棉布濕了，布料能將水
氣由底層帶上面然後蒸發。這兩個功能布料成為了現時其中最受歡迎的產
品，另外還有防臭、防菌等等。這些功能大多是跟其他機構共同研發，由

潤成嚴格控制其布料生產的質素，提高市場競爭力。

夥伴機構提供專門的知識，潤成則提供生產的配備，以及將該種技術轉化成可以大規模、較複雜的生產模式。潤成現時的布料貿易的生意主要以美國和中國市場為主，並且成長迅速，現在已經佔公司一半的業務。

◉ | 建造數碼化信息系統

除了生產系統及產品的革新，Jackie亦把公司的管理推向數碼化的發展。潤成早期並沒有企業資源管理（ERP）系統，她形容當時原始的運作模式：「即是會有一本簿，以人手記錄每張單交給哪一間廠，安排一個編號，當時也沒有用email，全部資料就fax回內地，完成之後就在簿上剔剔剔。結果這個人有這個人的說法，那個人又另一個說法，上到廠房會混亂，所以我們需要一個系統將所有資料集中，並且要有一個標準的過程將

客戶的需要通知生產部門。」

因此在潤成找到一間對紡織業有認識的電腦公司，編寫了一套企業資源管理系統，早期在香港使用，後期則擴展至內地的生產部門。潤成正在完成一個長遠的數碼化計劃，建立一套整全的雲端系統，記錄所有銷售、市場推廣、財務及生產的實時數據，使今日所接的訂單或完成生產，可以不受地域和時間的限制，能即時讀取相關的資料。如此一來，在公司和廠房的管理方面，帶來很大的進步，包括生產流程的安排更為順暢、原料採購降低存貨量、準確地獲取機器產能數值、更有效地找出有損耗的機件，以及時安排修補。

總結來說，潤成是一間勇於學習新知識的布料生產企業，不論產品類型、生產系統及管理系統，在確立了方向之後，願意付出一段額外的時間重新學習和調整，讓企業能夠在環保和業務上做到進一步的發展。

TAKEAWAY

引進布料貿易作為公司變革的契機

傳統代工生產雖然業務穩定，但是公司只需要滿足客人的要求，以及在報價過程中控制成本。後來藉著開始賣自己公司的產品，潤成更進一步提升產品的質素及公司在環保方面的推動。

潤成開發了「透氣疏水」及「濕氣管理」等環保及功能布料，在過程中建立了公司團隊的研發能力，並且革新生產流程。

採用源頭減廢的環保策略

潤成由改變生產系統和機器著手，去減少生產過程中所製造的污染物，讓後續需要處理的廢物、廢水、廢氣大幅減少，提高資源使用的效率，降低排污處理的成本。

引入歐洲新型的染布生產線，取代傳統染缸的做法，新型生產線在上色過程中用水量少，而上色完成後的沖洗用水也可以直接回收使用，大幅降低了用水量。

不怕麻煩，勇於學習建立使用新系統的「橋妙」

雖然傳統廠房在處理訂單及生產方面，已有了既定的習慣和過程，但在歐洲與鄰近地區的技術都在一直進步，潤成不怕重新學習，積極引入新的機器和企業管理系統，實現進一步的現代化和邁向工業 4.0 的雲端數碼化。

引入歐洲新型生產線，以幾年時間學習如何調校機器，能做到與符合顧客要求的產品；企業管理上，也開始引入數碼及雲端系統，管理訂單和監管機器，以做到實時數據分享，能做到更準確的商業決定。

個案研究 ｜ ㈢

「雞仔嘜」的品牌變革

震歐線衫廠

從為他人作嫁衣裳到
主打自家品牌，
需要經過怎樣的變革？

80年的製衣老廠
如何與時俱進？

震歐最出名的產品
——三粒鈕扣線衫，
是1950、60年代香
港男士主要穿著的
內衣。

說起震歐線衫廠，可能很多人都不知道這名字，但說到「雞仔嘜」，那一定是家喻戶曉的品牌。這不僅因為雞仔嘜的經典線衫在戰後溫暖了一代香港人，直至今天香港的各大商場也時常可見雞仔嘜的店舖和專櫃。這個品牌究竟如何保持常青？故事要從2000年後的一場變革說起。

◉｜歷史上的震歐線衫廠

震歐線衫廠是土生土長的香港成衣製造商，也是歷史早期的一批製衣廠。譚躍雲於1939年創立震歐線衫廠。當年線衫廠以生產純棉線衫起家，主要從事出口和本銷業務，其中的雞仔嘜品牌也是做本銷的時候誕生。當時譚建東的爸爸譚良右專門找畫家畫出三隻小雞的油畫，背後蘊含著對當時社會民生的寄望：喻意豐衣足食、生活安逸、高瞻遠矚和展望將來，該設計契合當時人們的生活狀態，很多客人甚至把雞仔嘜的包裝紙盒當作油畫放在家裡做裝飾。

震歐最著名的產品當屬三粒鈕扣線衫，曾一度風靡香港，最經典的當屬李小龍穿著同款三粒鈕扣線衫，搭配唐裝褲的功夫裝。在線仔衫還是高檔服裝的年代，震歐因生產出這樣輕、薄、透氣又價格適宜的線衫而廣受市場好評。三粒鈕扣線衫成為1950、60年代香港男士主要穿著的內衣。

震歐除對原材料和纖維物料的要求很高外，亦注重布料和成衣的製作工藝和技術，震歐出產的線衫有效控制縮水度，衣服使用後不容易變形或鬆垮。對於材料和技術的追求也一直貫穿整個企業的發展史，例如1980年代引入了防縮、防蛀和可機洗的羊毛內衣，在當時是一個突破；1990年代又引進歐洲物料，推出具備保暖、透氣功能的「心膚吸」保暖內衣，貼近市場和顧客的需要。

◉｜變革來臨與實踐

一直以來，震歐集團亦兼營成衣出口業務，雞仔嘜這個自家品牌所佔的業務比例相對較少。1997至1998年間的經濟危機卻帶來重大變化，當時

除了雞仔嘜，圖中的「金蜆牌」也是震歐的自家品牌。

震歐第三代主事人譚建東發現震歐集團代工的訂單中，擁有自家品牌的企業大多能撐過了經濟低谷，反之許多沒有自家品牌的成衣製造商被海外買家取消訂單至損失慘重，甚至倒閉。這使譚建東意識到自家品牌的重要，於是決定好好經營已有的品牌雞仔嘜。

第一次嘗試於2000年啟動，譚建東兩兄弟將銅鑼灣門店重新裝修，門店設計採用了當時流行的 cyberlook 風格，與原有的品牌形象相距太遠，也沒有考慮到忠實顧客的接受程度，最終未能成功。2003年時譚建東再次啟航，這次他找來品牌顧問、服裝設計師和舖面設計師等各專業人士一起為品牌帶來了一場脫胎換骨的變革，由內到外作出改變。以往震歐較少直接接觸消費者，對於市場需求的了解較少，品牌顧問和設計師在定價、計算和設置折扣、減低庫存、加快資金流動等方面，給了多方考慮和建議；震歐內部的幾個團隊，包括市場推廣、銷售和生產部門的員工也積極配合參與。這樣一路走來，雞仔嘜從2003年的五間門店發展到現在28間門市，三隻小雞的形象和「豐衣足食」的寓意也被簡為「最好的‧給家人」，更貼近現代風格的品牌形象。

保持品質穩定是震歐一直以來所追求的。他們深知不能與價格低廉的

TIMELINE

1939
————
譚躍雲創立震歐線衫廠

1950
————
主要從事出口和本銷，創立
雞仔嘜品牌，並以三粒鈕扣
線衫為當時潮流的代表作。

1970
————
第三代譚建東接手家族企業

1980
————
引入了防縮、防蛀、可機
洗的羊毛內衣；發展女裝
和童裝內衣。

1990
————
引進歐洲物料，推出具備
保暖、透氣功能的「心膚
吸」保暖內衣。

2000
————
品牌革新，加入休閒服飾。

2003
————
品牌第二次革新，由內至外
改革品牌定位及營運模式。

2013
————
品牌以嶄新形象迎接 60
周年紀念

2017
————
開設網店

量產時裝品牌競爭，而要靠高的品質但相宜的價格來維持產品的競爭力。

首先是對原材料的控制，符合國際安全標準是雞仔嘜的一大要求。1980年代至2000年期間，震歐一直直接購入原材料自行織布，或交給第三方生產商織布（processing on order），藉此控制布料生產的品質。但後來借鑒了其他品牌代工的經驗，震歐改變採購貨品的方式，要求外判製衣廠直接購入指定有認證的布料或者紗線，借助市場上專業的認證機構或生產商，做好認證和原料品質的把關工作，確保布料來源的安全性，例如現時雞仔嘜緻美棉系列的棉質內衣便經過瑞士 OEKO-TEX 認證機構的認證。由於有布料安全的保證，雞仔嘜的童裝系列都非常暢銷。同時，震歐會挑選具備相同理念、追求高品質管理的製造商作為合作夥伴，以相同的理念和標準要求員工，以保證產品的安全。因此，雞仔嘜的售價雖然比起市場上一些同類產品略高，但因為品質可靠，銷量始終不錯。

另一方面，震歐加強公司內部的市場研究的力度，以把握布料和成衣市場的動態和最新的資訊，由此積極引入新的高科技技術和材料，大膽開發旗下的產品，例如近年引入了在日本出產的「無痕」胸圍，採高端熱溶黏合技術，取代傳統的線縫工藝。產品的體感舒適而且有賣點，過往從不具備女士胸圍內衣生產經驗的震歐果斷引入了這種內衣。此外，對於引入外國先進的面料，震歐也是不遺餘力，先在2000年引入歐洲的保暖、排汗和透氣纖維，之後又引入日本的遠紅外線等功能性布料，產品標籤上注明該材料的品牌和特性，有利於把新的布料引進市場。

◉ ｜全方位改革
————

為了豐富產品系列，雞仔嘜推出了童裝、嬰兒服裝和時裝。時裝所佔的分額雖小，但能帶動人流進店，也能為顧客提供選擇。除了銷售自家品牌產品，雞仔嘜也會與一些和品牌理念和健康生活相關的品牌合作，為顧客帶來更為全面的照料。這點也充分體現了營商理念的革新，譚建東坦言震歐以往只會提供自家品牌的貨品供顧客選擇，但

雞仔嘜致力開拓不同市場，例如童裝和
嬰兒服裝。

現在的合作模式更開放，藉此讓震歐與夥伴建立多方的合作關係，例如推出了「Hello Kitty Loves Chicks」的聯乘系列，在女裝與童裝上印上Hello Kitty的招牌蝴蝶結及其他卡通圖案，豐富了品牌的內涵。

市場方面，除了本地零售市場外，2017年雞仔嘜還開設了網店，目標放在海外的華人群體和有助在香港開拓新的年輕顧客群。網站一部分外判給資訊科技公司承辦，主要內容則由企業內部自行設計和營運。

震歐的營運方式隨著時代發生了轉變。隨著老師傅們於2000年後相繼退休，震歐已經不再以自己的廠房進行生產，轉而將生產外判給其他生產商，管理層專注雞仔嘜的品牌發展。為了更有效率地透過調節貨品的供應，去回應實際的市場需求，震歐於2012年開始使用擴展軟件協助推算銷貨速度，改良生產計劃，其後於2017年進一步把零售系統與功能更全面的商業智慧管理系統連結。電腦商業管理系統的確立讓震歐可高速採集及整合數據，實施更有效率的採購機制，由傳統的定期落單模式轉變為按實際的貨品庫存狀態進行定期的補貨，並且能夠快速分析及協助制訂折扣、推廣、客戶管理等銷售策略。

雞仔嘜

純羊毛內衣

防縮・防蛀
可用洗衣機洗濯

PURE NEW WOOL

零售門市部	百貨	代理	
香港銅鑼灣渣甸街51號	中藝(香港)有限公司(黃埔花園)	明基百貨	三和百貨公司
九龍長沙灣青山道457號	新都城國際百貨有限公司(北角)	香港筲箕灣東大街58號	新界元朗大棠街41-43號2樓
九龍深水埗大埔道57號	裕華國產百貨有限公司	廣興隆洋百貨	復生百貨公司
九龍油麻地上海街387號		香港柴灣環翠村商場2樓F14	新界大埔媽壇仁街9號
新界荃灣沙咀道262號		華業國貨有限公司	大昌行百貨批發有限公司
		使港香港仔海事街13-23號	新界粉嶺安樂村樂業路8巷5字樓5室
		西環百貨	國貨外部免税商場
歡迎洽詢		香港西環紮紗士街10號B	深圳經濟特區試銷高
電話:(852) 2423 0611		全新織造廠	國際貿易中心大廈及航空大廈
傳真:(852) 2480 4247		香港皇后大道中238號	友誼城
		新時代	深圳市友誼道友誼B座一樓一樓男仕服裝部
及各大代理均有代售		九龍深水埗汝洲街48-56號3樓A座	楊朗紀百貨公司
		藝秀服裝公司	澳門祐代理 電話及傳真:(853) 922511
		九龍灣大仙中心商場三樓S15號	廣州市協興貿易發展公司
		藝記百貨	廣州市代理 電話:(86 20) 8775 5866 - 1308
		九龍城買炳達通113號地下	傳真:(86 20) 8777 5135
		興隆公司	
		九龍牛頭角樂華北村樂華街商場313室	
		順勝時裝百貨	
		九龍順利村商場大廈三樓P10號	
		林浩記百貨公司	
		新界上水新康街63號B	
		悅記服裝公司	
		新界上水新城路81號	
		大江織貨公司	
		新界上水符興街60號	
		源豐百貨	
		新界上水新康街67號A	
		東江國貨有限公司	
		新界屯門仁政街富華大廈地下	
		三江國貨有限公司	
		新界元朗西堤街2-14號	

雞仔嘜經典的純羊毛內衣溫暖了不少香港人。

　　雞仔嘜的品牌變革不是一朝一夕完成，其變革觸及的範圍和深度是整體性的。伴隨著這些年來不斷創新，變革傾注著幾代人對於雞仔嘜這個品牌理念的堅守。正如雞仔嘜的品牌核心理念——「最好的·給家人」，不管時代如何變遷，品牌形象如何更新，雞仔嘜始終堅持用舒適實用的產品讓顧客感受到如家人般體貼的溫暖。「溫暖」這比喻或許不限於顧客的體驗，還可擬作震歐家族企業那股創新求變、秉持品牌理念的熱心，使企業持續燃點著變革之火。

TAKEAWAY

品質取勝
—

　　幾十年來，震歐線衫廠對於原材料和生產技術的控制和不斷更新變革一直是其品質的保證，不論品牌變革前後，都以卓越的品質和適宜的價格吸引了一定的客戶群。

　　震歐嚴格控制原材料的品質，利用原料認證制度，加強對布料的品質管理；此外，也引入具保暖、透氣功能的新布料、無縫女士內衣等，拓展產品的多元性。

振興自家品牌
—

　　震歐在經濟低迷的環境下汲取他人的經驗和教訓，及時調整業務重點，重新推出自家品牌雞仔嘜，全方位配合品牌革新。

　　震歐轉型專注發展自家品牌雞仔嘜，增設零售店、與其他品牌商合作，引入多種服裝配合內衣銷售、開拓網店，全力提升品牌的銷售。

全面與時俱進
—

　　不論原材料、生產技術、管理方式，還是品質控制手段，在產品管理和銷售管道方面，震歐都不斷創新，與時俱進。

　　震歐改變生產模式，把內衣生產外判給嚴選的生產商，並施行更靈活的的採購模式、建立內部商業資訊管理系統，有效達致彈性生產流程、庫存、訂價、折扣、銷售及網店營運一體化的效果。

流程設計突出重圍

興迅實業

紡織代工廠

除了產品設計與科研外，

如何實踐增值與轉型？

如何設計與執行

一個改善顧客經驗和

需要的服務？

興迅廣場
GRANDION PLAZA

興迅實業由張益麟（Alan）及其前同事在 1996 年成立，他們本是香港本地品牌佐丹奴集團旗下生產部門的高級管理層，但由於當時佐丹奴的業務重組，終止了生產部門運作，所以 Alan 與前同事藉著這個契機，成立了興迅實業有限公司，使受影響同事及內地的員工可再共事。當時其廠房設於東莞長安，主營針織品的代工生產，由於那時歐美尚有配額制，所以其客戶是以東南亞為主。

◉ ｜傳統紡織代工廠的不傳統進路

然而，興迅實業的發展路程上，並非以產品設計、技術創新作為起步，由於公司管理層有著豐富的生產線管理經驗，認識到服裝零售商的需要與困難，主要來自難以準確地計算存貨量和訂貨量，以及普遍供貨周期長的問題。以此，興迅建立了以「設計顧客感受」及「設計提升商業效率的流程」作為起步及長遠發展的方針。他們首先設計並發展了一套獨特的供應鏈系統——「快速補貨系統」，透過數據共享和大數據分析，為客戶準確地估算存貨及快速回應市場需求，改良生產供貨的流程；其後，興迅成立了產品設計部，提供一站式服務，並以橫向作友好收購，加強集團的生產能力，進一步加快了供應鏈的效率，提供更為整全的服務體驗予其客戶。

這些措施在 2006 至 2008 年期間得見成效，借助歐洲配額制取消的機遇，成為了 Zara 的供應商打入歐洲市場；亦在 2008 年北京奧運推動內銷期間，進佔內地市場。但興迅並未停步於此，他們在 2015 年作出了延伸其生產供應鏈到香港的決定，在荃灣成立了 To Make Locally（下稱 TML），推到本地創造。這是一個多元化包含了初創企業、設計、智慧生產、雲端訂單系統、數碼輸出和銷售的多元化商業模式及平臺。以此，興迅也成功打造了自己的品牌，打入了客製化和線上線下（O2O）的市場。

◉ ｜建立核心服務——快速補貨系統

Alan 認為就算是同一班客戶，只要服務深度持續增加，生意額也能夠飆升，帶動公司前進。所以在公司起步的階段，興迅集中於增強客戶的深度，透過考慮客戶的整個消費歷程，為他們改善其消費體驗，並提供增值服務，贏取他們的信任。興迅搭建了「快速補貨系統」的平臺，只要顧客把產品相關的銷售數據分享給他們，興迅能夠進行大數據的分析，

TML 積極推動「香港製造」的時裝潮流，與本地不同機構合作，如每兩個月為海洋公園設計全新系列的服飾，在園區內的精品店售賣。

TIMELINE

1996

張益麟與其他佐丹奴前高層合組興迅實業，專營針織品代工生產。

1999

快速補貨系統成熟，開設第二間工廠。

2003

升級轉型：設立產品產計部，並橫向併購印花和刺繡廠。

2006-08

開拓歐洲與內銷市場

2015

回流香港成立 TML

評估市場裡相同產品的銷售情況，繼而推算該客戶所需的補貨量，將計算的數據提供給客戶，廠房同時已預先在原料採購和生產線上作出安排，客戶只需要進行確認，興迅便可立刻進行投產和送貨。傳統的行業一般補貨需要90天的生產週期，但興迅可以在30天內完成，如果原材料充足的情況下更可達致五至七日交貨。Alan進一步解釋系統的運作：「傳統工廠的日程是完全排滿的，若突然有做一張 ad-hoc 訂單，原有的工作便要延期。我們其實每個星期都預留一些產能針對這類客戶和訂單，當他們的貨在星期六日賣完，然後星期一通知我們，我們便可以五至七日內在接著的星期六日交貨，這正正是大數據分析和銷售預測的實踐。」

初期，客戶對於分享數據會有所猶豫與卻步，但當試行了一段時間後，客戶皆與興迅建立了彼此的信任，後來更發展成一種完整網上數據計劃（Virtual Schedule Planning），大部分的零售數據皆與興迅分享，興迅亦因而可做到準確的零售、生產和補貨預測。在生產線的配合上，快速補貨系統作為興迅的主要服務，廠房每個

興迅收購印花廠、刺繡廠和配件廠，大大增強了生產能力，配合業務發展。

星期也會預留一定產能去應付這方面額外的訂單，不會把生產線的工作完全排滿。

速食時裝講求款式與布料的多變，以滿足迅速變化的市場口味，若然如此，生產線也要具備迅速改變的彈性和能力，這對從事生產的廠商而言有一定難度，故興迅在業務上的定位非常鮮明，專注於做長青款和季節性款式，所以布料和設計上的變化並不太多，只需在衫形、顏色、圖案和配襯上作出配合。這個定位一來讓興迅瞄準了服裝零售商約七至八成的生意，亦使物料管理上變得較為簡單，讓其系統得以高效運作。富有彈性的快速系統在2003年期間顯示了它的商業價值，當年由於沙士疫症導致市道低微，很多零售商的存貨賣不出，甚至因周轉不靈取消訂單，使很多傳統製衣廠受到影響。相反，興迅因有彈性的補貨系統，顧客可以靈活而準確地按照需要下訂單，不會存留太多「死貨」，這讓興迅在2003年維持著穩健的業務，順利渡過沙士危機，並為2003年以後進行的升級轉型做好準備。

◉｜「藍海政策」──擴展設計與生產能力以擴展市場

2003年沙士期間，很多企業採用了「紅海政策」，透過割價來挽救下跌的業務，但興迅卻反其道而行，Alan看到市場上很多客戶並不是一味

追求低廉的價錢，反而是需要良好的服務和設計的能力。那時候，興迅已經收集了多年市場上的龐大數據，對於哪類型的圖案、顏色、時裝趨勢受歡迎已有一個整全的了解，於是逆流採用了「藍海政策」，乘勢建立公司內部的產品設計部，除了款式設計師外，主要有強勁的圖像設計團隊，主動為客人提供設計產品服務。如此一來，進一步縮短了整個生產流程。過往客人若要生產新產品，先要找設計師設計，然後找製衣廠打造樣版，調整好後才將訂單交予興迅進行生產，但興迅可以提供整全的一站式服務，收到客人要求後，七日便完成整個設計與生產流程交貨。隨著公司開始生產原設計產品，興迅面對部分打版步驟需要外判的情況，既拖長了生產流程，亦使設計的知識產權有機會外泄，所以他們繼而進行了橫向併購，分別購入了一所印花廠及衣服配件廠的大部分股權，讓自己的集團擁有更全面的生產能力。

這個服務很快受到歐洲著名品牌Zara的垂青，與興迅簽訂了合作協議，2005至2006年間全球取消紡織品配額，更讓興迅的業務更進一步獲得快速的增進。2008年，雖然面對國際金融海嘯，但那時興迅的原設計、原設備生產和快速補貨系統已經成熟，針對北京奧運帶來的機遇，為Bossini、ESPRIT、I.T.等客戶設計了一系列奧運圓領衫和紀念品，並且配合興迅多年來銷售的經驗，提供處理內地稅務安排和通過國家質檢局認證測試的服務，使那個時候內銷佔集團生意近六成。所以，金融海嘯期間，興

TML 在 20 多個全港商場設置 Snaptee 智能自動販賣機，消費者可在售賣機自訂服裝，數據會經雲端傳送到 TML 的基地進行生產和送貨，實踐 O2O 客製化零售業務。

迅集團的利潤只輕微下跌，亦在歐洲市場甦醒後，隨即回升，在歐盟國和中國擁有兩方面龐大的業務和進展。

◉ ｜TML──結合雲端與數碼科技打造本地品牌與零售業務

　　2015年，興迅由內地延伸其供應鏈服務到香港，建立了TML的業務，是一個本地元素與再工業化結合的範例。TML內共有四個不同的範疇：共創共享創業中心、低碳綠色生產中心、多元數碼打印中心和零售與銷售部門。共創共享創業中心內吸納了3、40名本地獨立的設計師，與他們聯合推出品牌。早期TML主要與本地零售商合作，在傳統店舖或快閃店中售賣，如Bossini曾推出一個香港地鐵圖畫系列，TML的設計師以不同地鐵站的本地元素進行創作，設計出如黃大仙廟、海洋公園、元朗大花牌等等的產品。為配合設計師打版和小批量生產的需要，TML內除了有傳統的車衣間，還有先進的數碼印刷設備，將數碼檔案即時印製，也能用最少訂單量進行生產，方便進行大批量的客製化生產。

以此為基礎，近年TML建立了專屬的銷售平臺，開發雲端銷售的業務。他們建立了手機應用程式和網上平臺，更在眾多商場擺放了自動販賣機，零售顧客可以利用線上平臺或實體機器設計專屬於他們的衣服，消費者上傳的數據會直接傳送到TML的數碼打印中心生產，之後直接送貨。現時全港有20多個商場設有TML與其投資之初創企業Snaptee之智能自動販賣機，估計在港總數可設置約100部。雖然起步不久，但這方面的零售業務已佔到公司近20%的業務，並且帶來了近70%至80%的毛利率，是一個製衣廠由產業鏈後方，走入線上、線下客製化零售市場的例子。

總結來說，興迅集團是一個體驗流程設計為公司增值的例子，他們重新設計採購、生產、供應鏈和銷售的流程，解決公司運作與客戶消費過程所遇到的痛點，為他們帶來完善的顧客體驗，是興迅集團成功的要訣。

TAKEAWAY

設計供應鏈流程──設計用戶感受和營運效率

　　興迅實業的高層反思多年於佐丹奴生產部門的主管經驗，分析服裝零售店舖的真正需要，以照顧顧客體驗為核心，確立以設計完善供應鏈作為其公司重要的服務和發展的方向。

　　服裝零售店通常面對存貨數量的掌握的挑戰，亦要面對補貨時間長的問題，興迅以此設計出其關鍵的供應鏈快速補貨系統，透過建立與客戶達致數據共享，為其分析存貨量與補貨需要，大大縮短了補貨的周期，不但改善了顧客向製衣廠購貨與送貨的體驗，還降低了營商的風險。

透過增強公司的設計與生產能力擴大市場和客源

　　興迅本身是專注做針織與梳織衣服的代工生產，為了吸納更有深度與廣度的客戶，便積極提高自身的創意計設和生產線的能力，增加市場上的競爭力。

　　興迅在確立了快速補貨系統後，在 2003 年設立了產品設計部，利用自身雄厚的數據庫資料，設計適合市場上的圖形設計，並橫向收購了印花廠、刺繡廠和配件廠，除了能為顧客提供進一步服務外，能更有效保障知識產權和加快生產與補課流程，亦以此贏得了 Zara 成為其客戶。

以數碼雲端科技打入設計與客製化市場

　　興迅深知代工生產的毛利有所局限，而大規模生產亦未能服務到一些時裝設計師的需要與市場，於是在引入了數碼和雲端科技，以此加入零售和客製化的市場。

　　興迅集團的TML擁有其多元數碼印刷中心，能夠快速和準確地打印各種獨特的設計，最少訂單量甚至連一件也能進行生產，便利時裝設計師可以進行各種設計的嘗試；TML還建立了網上平臺與手機應用程式，在全港九商場設有獨特的機器供零售客戶設計自己的產品和訂貨。

個案研究 ｜ 五

舊工業的創業家

澳迪香港

擁有超過 50 年

紡織工藝的傳統紡織廠

可以在什麼地方再次增值？

有什麼策略能使

傳統紡織廠由

產業鏈的最後方，

走到設計與零售的最前線？

澳迪前身是澳大利織造公司，由周疇在 1960 年代成立，其後交給兒子周一俊，並在 2013 年交棒給周疇的孫女周凱瑜（Joanne）及其弟弟周凱楓（Jackson）。

◉ ｜舊工業面臨的困難

澳迪是一間傳統的製衣公司，在內地東莞設有廠房，僱用2,000名工人。其業務以代工生產為主，客戶包括AllSaints, Reiss, Ted Baker, Sandro, Maje等歐美高檔品牌。時至近年，代工生產的模式面臨兩大挑戰。其一、傳統舊客戶生意不斷被網上平臺侵蝕而缺乏增長，同時這類型代工廠一直甚少向外宣傳，一向靠口碑及客戶互相介紹，在新晉品牌和設計師圈子中，沒有人脈及知名度，越來越難接單。其二、網購平臺出現後，不少私募基金買入時裝品牌，一下急速發展，但一下勢色不對又立刻煞停，代工廠處於產業鏈最後方的位置，變得非常被動。Joanne和Jackson在這個環境下接手公司，決定進行改革。

周凱瑜成立的 **A Matter of Design** 主力代理丹麥家品品牌「**BoConcept**」（左）和英國燈飾及傢俱品牌「**Tom Dixon**」（右），從生產走入零售業務。

◎｜工業轉型的關鍵要素

在過去五年中，澳迪抱著「舊工業需要重新打造」（re-engineer）和「創業需要可持續的商業模式」（commercial deliverables）的理念，進行了三項主要的變革：成立了「InDhouse」、「A Matter of Design」和「azalvo」，使澳迪成為一所著重產品研發、市場開拓、培育新晉時裝精英的現代化製衣企業。

澳迪相信單靠傳統的製衣技術及知識的傳承在這個年代已經不足，而由傳統廠家作為出發點去改革也有其相應的難度，所以Joanne相信改革需要借助外來的新元素，開設新公司，聘請行業外的員工，以創業的心態去守業，才能讓傳統產業注入新元素、新構思和新思考。她強調舊式的工業，或者任何創意都要找到它的生存空隙，並且適時進行再造工程，她以科學園公司主席查毅超博士的飛機磅生意為例，指出他接手家族生意時，

TIMELINE

1960

周疇創立澳大利織造廠有限公司，主要業務為歐美高檔品牌毛衫代工生產。

2012

第三代周凱瑜（Joanne）創立 InDhouse 獨立設計研發中心，專門為成衣廠、服裝品牌及毛料供應商提供設計及生產科技的研發服務。

2013

Joanne 及其弟 Jackson 正式接手澳迪，由 Jackson 主要管理生產，Joanne 則開始著手發展零售機會，而同年成立 A Matter of Design，透過代理丹麥和英國的家品品牌，汲取打理零售和分銷市場的經驗。

2018

共享工作空間 avalzo 正式成立，是一個創意實驗室。吸引創意社群進駐，並提供一條龍式服務支援。

內地的競爭者價錢便宜幾十倍，公司面對衝擊而變得難以生存，他必須變革研發新的磅，由於新的飛機型號會不斷推出，而每架新的飛機也不能沒有適合它的新磅，查博士便找到了一個行業內的新空隙來生存和發展。

但如何在舊有的模式下尋找創新點？創新的意念又如何變成商業上可實踐的項目？Joanne指出：「很多工業家和創業家都話不投機，因為一個聽不明白對方的創新意念，另一個聽不懂製造和生產都有成本和生產過程的考慮。兩者都要取得平衡才能成事。」

周凱瑜創立時裝共享工作空間 azalvo，為創業人士提供一條龍式支援服務，將澳迪原先進一步發展成生產、零售，甚至培育人才的產業，將製衣工業開拓至新領域。

　　談及創新，Joanne 認為事物的變化往往存在一個轉捩點（tipping point），只要從舊式的方法中一直觀察和嘗試，慢慢可以看到一個新的方法。以一個杯為例，它本就有一個手柄，或許一開始是看不到它的，但當杯子慢慢轉動的時候，便能夠看到了。

　　談及製造，Joanne 認為很多公司是為了設計而設計，亦有很多傳統的廠家只著重工藝的部分，但沒有一個實質的商業或創意想法在背後，這樣難有成長，因而澳迪特別強調要有一個「商業模式」，使創業能夠持續發展。如之前有一個品牌將其原型品給澳迪，請求他們給予生產與批發上的建議，他們只想到工藝與技術上的問題，但欠缺了一些重要商業要素的考慮，譬如做一個模需要的最低訂購量、布料與螺絲批等原料的最低採購量等等。像一個100元的水壺，生產價錢只能在12元之內，其餘要用來補償零售、推廣的支出，方可達到收支平衡。Joanne因此指出除了做一名好的工業家，還要做一名好的創業家。

在這些理念之下，她首先從意大利行家學到持續發展及保持優勢的方法，就是建立獨立的設計研發中心，並在2012年成立了InDhouse，開展了改造工程的第一章。這個設計團隊是一個獨立的設計研發中心，全部運作與成果也是保密的，並專門為成衣廠、服裝品牌及毛料供應商服務。設計研發中心雖然獨立於澳迪，但又可支援澳迪的發展。InDhouse十分著重設計的主動權，在不同項目上，以紡織技術研發室的形式作為主導，與客人維持共同研發合作的關係。

Joanne的團隊也十分認同以上的理念，並且把理念落實到細節：「我們會細心研究每一個市場，但不會把焦點只放在服裝市場上，我們甚至會以逆向思維探究紡織科技可發展到什麼範疇，甚至主動去尋找合適的合作夥伴，共同創作和研究適合在未來十年的市場產品。」

改造工程的第二章則是涉足零售的業務。澳迪在掌握技術發展後，自覺對零售市場了解不足，需要第一身打理零售和分銷市場的經驗，便在2013年成立了A Matter of Design。這間公司主力代理丹麥家品品牌「BoConcept」和英國燈飾及傢俱品牌「Tom Dixon」，這樣做除了避免與澳迪現有的客戶產生利益衝突，也因為代理其他品牌較容易去進入市場。A Matter of Design旗下的品牌現於中環、銅鑼灣和沙田設有分店。Joanne也由此學習到調整顧客購物經驗的途徑，嘗試利用擴增實境、虛擬實境等技術展銷產品，並且學習運用企業資源計劃系統和銷售時點情報系統。

改造工程的第三章是azalvo共享工作空間。azalvo佔地15,000平方呎，借助澳迪與InDhouse自身的能力，為創業人士提供物料挑選、研發、生產、拍攝宣傳、銷售展示的一條龍式支援服務。辦公室採取了流動式設計，可打通成不同大小的房間，最廣闊的空間能佈置成時裝發佈會的展覽場地，舉辦容納300多人的時裝表演。現有30至50名來自時裝、配飾及家品相關行業的客戶進駐。azalvo的客戶可以是純粹的租戶，也可以是會員，會員可因應需要選擇合適的軟硬件服務，更可成為azalvo的合作夥伴。與合作夥伴的洽談中，若azalvo發現該公司的意念值得培育，會提出免費支援，藉此希望達致共同成長。共享空間的目標群組主要分為三類人：一、需要共創，與不同團隊合作以達致成功；二、需要提升自己的品牌與產品；三、以創意主導，著重原創性與真實性。最終目的是共同進行研發和貿易，成為一個創意實驗室，透過合作的元素帶來孵化與加速的效果。

整體來說，澳迪是在年輕化一個舊式的行業，並且保護過往的傳統、將其延續下去。但Joanne承認每一代工業家之間都會有其時代的對比，包括理解事情的角度和世界觀的差異。新一代可能在商業的觸覺上較為敏銳，讓公司在工業與商業同時推進，並互相配合，但上一代面對不熟悉的範疇難免會採取較為保守的策略，有時也會為變革帶來一些阻力。

Joanne自2013年接手澳迪後，她擬定的十年計劃也實踐了差不多一半，當中包括將現有的技術和經驗傳承，推動電子檔案的平臺，以數碼化將資訊分享出去；在生產上重新打造現有的生產機械和技術，由廠家提供機器，而他們則改良當中的生產方式和過程。澳迪會推出三至六個月的客戶計劃來幫助他們的客戶開發意念，亦以在職培訓計劃培養關於設計思維的人才，最終目標是凝聚一班有共同改革意念的人。

TAKEAWAY

傳統工業的轉型與改革需要更新經營理念和思維

澳迪以創業的心態去守業，開設新公司和聘請行業外的員工，藉此在設計、研發、零售、企業化管理、共享工作空間等不熟悉的範疇汲取經驗，使新元素、新構思、新思考得以實踐。

澳迪在母公司以外成立 InDhouse、A Matter of Design 和 azalvo，這幾間公司皆獨立運作，分別專注在設計、零售、管理和合作上，讓澳迪能夠學習和實踐新構思。

舊工業要找到適合的空隙重新打造

任何的創意都要找到它的生存空隙，而透過慢慢的觀測，可以找到一個觸動創新變革的「轉捩點」，並由此將舊的工業模式進行更新改造。

澳迪在希望舊工業能在生產流程上進行改善，可將傳統工廠機器送到 InDhouse，設計團隊會研究其生產過程，為廠房研發和完善生產設備提供建議，並且建議新的生產流程。

創業需要可持續的商業模式

任何創意都需要有實質的商業想法來支撐，不能為設計而設計，或只著重工藝的部分，企業須衡量清楚成本和效益，使創業能持續下去。

在 azalvo 共享工作空間，團隊會教導客戶如何把一個創作意念商業化，包括認識開機生產的最低件數、銷售的成本等各方面的考慮和支出，平衡收入扣除支出後所得到的毛利率，進而調整生產的數量，建立可持續的商業模式。

POWER
TOOLS &
HOUSEWARE

3

電動工具及
家庭用品

眾多家品和電子業品牌
仍視香港為
商務與設計的總部；
本章收錄的案例
憑藉策略性收購、
科技研發、
優良的品質及獨家專利權，
使產品持續進步，
並以此進佔內地和國際市場。

電動工具及
家庭用品
行業介紹

INTRO-
DUCTION

電子業是香港四大工業（電子、鐘錶、製衣及玩具）之一，其產品可分為零配件和消費品兩種。前者包括真空管、半導體（原子粒、二極管等）、線路板、電腦記憶體等；後者是平日常見的消費產品，如收音機、電視機、個人電腦、電話、傳真機、計算機等。

香港首間電子廠於1959年成立，電子業發展自1960年代。那個時候，歐美和日本是全球電子科技的先驅，而港資廠商主要從事低技術工序，例如裝配收音機、電視機、電子錶等產品，以及生產簡單的電子零部件。當時的工廠規模較小，資金有限，廠房和設備較落後，只聘用小量的工人。

至1970年代，香港的電子業憑藉廉價的勞力，吸引發達國家來港設廠，香港的電子廠數量激增，同時外資亦將電子業技術轉移到香港。電子技術的轉移又進一步推動本港電子業的發展。在這一時期，本地電子廠數量與外資工廠一樣不斷增加，而且當中不少廠家在設廠之初，已確立高科技方向，生產當時最先進的零件和產品，包括電路板、記憶體、液晶體顯示器，以至後期的個人電腦和流動電話。當時電子廠的

一大特點，是本地廠商受限於資金不足，初期只能主攻個別產品，直至規模擴大，才兼營零部件和消費產品的生產業務。另一方面，電子廠創辦人大多是電子專業出身，或是在外資廠商受過有關技術訓練的工程師。因此，本港的電子廠商在管理制度上也較傾向使用西方模式，這與其他傳統華資行業以家庭式管理有很大不同。此外，本地電子業廠商亦較願意投資科研，以開拓新業務。

1970年代中期至1980年代中期是香港電子業最繁盛的時代，然而隨著生產規模大幅擴展，本地廠商發現很快發展至瓶頸。其中土地問題對廠商影響尤大，香港地價高昂，工廠大都設於多層工廠大廈，然而電子業的理想廠房是佔地廣闊的平房，因為高層廠房易引發震盪，影響機器的精確度。故此，當1980年代中國改革開放，受到廣東地區低廉的地價和勞力吸引，不少本地電子廠便將生產轉移到深圳、東莞、廣州等珠三角城市。這些內地電子廠一般以合資方式建立，港方負責技術、管理和營銷，內地方面則負責和政府打交道。不過，這些電子廠一般仍然保留OEM模式，以低價作為競爭力，結果失卻科研的誘因，令行業停步不前。不過話雖如此，電子業至今仍然是本港重要的工業，2018年佔香港總出口68.3%。出口貨物主要為高科技產品，包括電訊設備、半導體及電腦相關產品。

CASE
STUDY
01

個案研究｜一

做電池起家的
跨國工業集團

金山工業

如何運用設計提升
品牌價值？

GP 超霸

香港銷量第 1 電池品牌*

說到金山工業集團，最先令人想起電池，超過 55 年歷史的金山工業集團發展至今已成為亞洲跨國集團，主要業務包括發展、製造和分銷電池、電子產品及揚聲器及汽車配線和其他工業投資。

◉ ｜ 發展歷程

1960年代原子粒收音機流行，金山工業集團主席兼總裁羅仲榮的父親看準這一機遇於1964年創業，在大埔設立小型工廠生產電池。1972年羅仲榮從美國伊利諾理工學院取得產品設計理學士後返港，和兄長羅仲炳及羅仲煒共同管理家族生意，並引入現代化的管理方式，逐步令金山工業集團從家族經營的生產模式發展為極具規模的跨國企業。

1970年代由於要面對內地山寨廠競爭和香港生產成本增加，香港電池業開始走下坡，金山工業遂改為生產高檔電池，並開發電子業務，生意因而蒸蒸日上，1984年更在香港上市，成為全球主要電池生產商之一。目前集團的主要產品如「GP超霸」電池、「KEF」高級揚聲器和「CELESTION」專業揚聲器單元已經成為業內著名品牌，集團的生產設施、產品研發和銷售網路遍布全球十餘個國家。

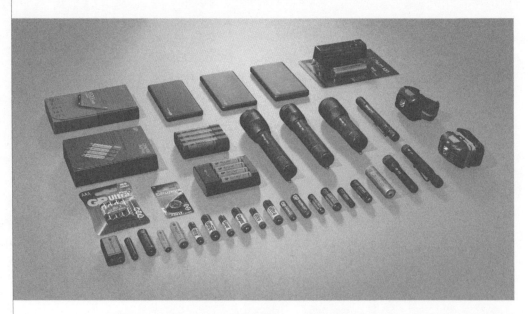

金山工業除了生產一次性電池及充電電池外，亦有款式新穎的儲電寶，近年更設計專業手電筒並屢獲獎項，足證投資科技及設計的重要性。

TIMELINE

1964

開設位於大埔的電池廠

1972

羅仲榮加入金山工業

1984

金山工業在香港上市

1990

羅仲榮擔任金山工業的主席兼總裁

1992

收購英國老牌 KEF 音響

2005

收購 Gerard Corporation 之 21% 股份，該公司主要從事製造、印刷、包裝、貨運，擁有商業資產、林業及農地權益。同年收購 Bright Target，其主要於中國市場從事產銷發光二極管顯示屏業務。

◉ | **超前發展品牌內銷**

金山工業能取得今日的成績，其中一個原因是其先行一步開拓全球市場，尤其是中國內地市場。1980年代香港工業開始北上設廠，一些製造業開始將生產轉移到成本低廉的內地，金山工業也在惠州投資設廠。但當時大多廠商只是將生產線轉移至內地，產品則主要出口國外。羅仲榮想，既然已經進入內地開廠，沒理由不做內銷。於是1980年代中期，金山工業就已積極發展內地市場，開展內銷業務。他指出，若要拓展內地市場，便要先建立品牌及分銷網絡，因此羅仲榮決定不再依靠傳統原件加工的方式經營業務，而是發展自己的品牌。

內地市場一向崇尚外國名牌，金山工業要如何與外資廠的技術和名氣競爭呢？羅仲榮說，外國公司靈活性不高，早期內銷市場尚未成熟時，外資廠家投資不大，不能馬上全力開拓中國市場。金山工業則先行一步，派遣人才開拓內地市場，並將公司的設備、技術和管理一併隨廠北移，如此一來，生產更快達到規模，再加上早期較低的宣傳成本，因而成功打開內銷市場。

2002年，金山工業收購了中國第二大鹼性電池商中銀（寧波）電池有限公司75%股權，因此取得了有第一品牌之稱的「雙鹿牌」，進一步加強了金山工業在內地電池行業的領導地位。時至今天，集團已經成為全球一次性電池及充電池的主要開發、製造及分銷商，在各地主要城市幾乎都有分公司，單是電池廠便有十多間，分布全國各處，提供廣泛系列的電池產品，供應給電子設備生產商和主要電池公司，並以「GP」品牌在零售市場銷售。

◉ | **產品創新求變**

羅仲榮深諳產品設計的重要性，面對行內激烈競爭，只有憑創新求變，緊貼市場脈搏才能突圍而出。他認為廠家必須在產品設計、品牌、技術方面不斷突破，提升增值能力，才是在市場致勝之道。因此，他將產品設計訂為集團的一項長遠發展策略，投放資源培育品牌，建立強大設

電動工具及家庭用品 一
Power Tools & Houseware

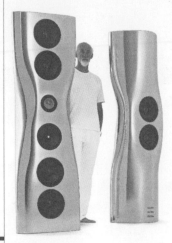

KEF 邀請大師 Ross Lovegrove 設計 Muon，震驚國際。

計團隊，又外聘來自日本、歐美等地的設計顧問，務求為產品增值，精益求精。例如早年集團有見環保及可持續性將成為世界主流課題，因此加強研發充電池產品，像GP ReCyko+充電池系列可充電近千次，並在出廠時已經預先充電，加上儲電力強及可長時間備用的特點，方便消費者即買即用，便是令產品貼近市場需要的好例子。另外，近年金山工業更以GPDesign品牌開展更具設計元素的產品，其「Beam專業手電筒」系列更獲德國紅點設計博物館頒發設計獎（Red Dot Award），足證產品設計及實用性兼備。

　　除了電池業務外，金山工業早在1992年亦收購了英國高級音響品牌KEF，由家族第三代兼集團副總經理羅潔怡（Grace）主理。多年來KEF一直都在英國研發，維持喇叭設計技術的領先地位。KEF經常邀請國際知名設計師合作推出特別版產品，如英國工業設計大師Ross Lovegrove、香港著名設計師陳秉鵬（Eric Chan）和盧志榮等。Ross Lovegrove於2007年為KEF設計的Muon音箱，銀色流線外型優美獨特，成功把Muon躋身至世界第一流音響的崇高地位，為揚聲器設計領域帶來了全新的美學標準。2015年Ross Lovegrove再次與KEF合作推出MUON的後續作品——MUO藍牙揚聲器，以更簡約的線條，傳承MUON的造型設計意念及創作精神。

　　近年由於傳統 Hi-Fi 高保真音響市場發展緩慢，KEF 於是拓展其產品系列，以涵蓋高階時尚生活無線音響系統。2018年推出的LSX無線音響系統及 R 系列高階揚聲器廣受市場歡迎，亦於業界及設計界獲得多個獎項。LSX由著名產品設計師 Michael Young 監製，致力在外形和功能兩者間取得理想平

MUO 藍牙揚聲器延續 Muon 的傳奇。

Michael Young
為 KEF 設計 LSX
廣受市場歡迎。

衡。集團最新年報顯示其揚聲器產品銷售在市場不景氣的前提下仍然上升 9.4%，說明產品設計策略不僅為品牌爭取到廣泛認同，而且成功驅動業務增長。

歷時50餘年，金山工業從一家大埔的電池廠發展成為年度營業額逾60億港元及世界各地員工達8,000人的跨國集團。作為香港製造業的代表之一，金山工業未來的發展值得繼續期待。

TAKEAWAY

設計有助提升品牌價值

羅仲榮認為廠家面對市場競爭，必須從各方面提升增值能力，比如 1970 年代香港電池業開始下滑，金山工業改為生產高檔電池，同時擴展其他業務，亦收購英國品牌 KEF 揚聲器，透過領先的技術和出眾的設計，加強旗下電池及品牌形象，備受市場認同，令集團發展為跨國企業。

擴展業務範圍

金山工業從對外出口電池到大力發展內銷搶佔內地市場，從製造和分銷電池，擴展到揚聲器、汽車配線和其他工業投資，多元化跨地區的業務有助企業應對行業挑戰和地區經濟轉變。

跨界合作提升設計水平

金山工業注重產品開發及設計，擁有強大設計隊伍，並不時邀請國際知名設計師合作，提升設計的水平。

個案研究 ｜ 二

紅Ａ第三代的穩中求變

—————

星光實業

如何讓曾經

家喻戶曉的老字號

再次走入新一代

香港人的生活？

70 年的塑膠品牌遇上

80 後的第三代接班人

會有哪些新的發展？

提到紅 A 的經典產品，不得不數到紅色膠燈罩，是不少香港人的共同回憶。

說起「紅 A」，老一輩香港人一定印象深刻，曾經家裡的水盆水桶，街市裡紅色的燈罩，學生的水壺、書包，樣樣都是紅 A 出品。然而可能很多人不知道，紅 A 除了生產家品，還生產工業塑膠用品，本地的酒店飯店甚至政府機構都是它的長期客戶。如今紅 A 已經走過了 70 年，生意也交到了家族的第三代梁馨蘭手中。年輕一代的香港人可能不太熟悉這個老字號，面對著香港製造業的起伏轉型，年紀輕輕的梁馨蘭是如何守業並創業的呢？

◉ | 香港老牌紅 A

1950、60年代，塑膠製品盛行，價錢平、可塑性高，星光實業的創始人梁知行看到塑膠製品的潛力。梁知行當年是星光製刷廠的老闆，主要製造刷和梳，但在 1959 年他買入大有街廠房，開始轉行生產塑膠製品。

1963 年香港水荒嚴重，市民用水桶到樓下等水車取水，紅A連夜趕製十萬個膠水桶應市，亦登報聲明制水期間不會加價，自此打響名堂。1970年代星光實業配合戰後兒童一代及九年免費教育政策而推出的

紅 A 早年推出用於微波爐加熱的器皿，設計低調實用。

兒童系列產品，如水壺、太空籃、色彩繽紛的餐具，設計前衛廣受歡迎。除此之外，紅A的仿玻璃系列、街市用的紅色膠燈罩都成為當時家喻戶曉的塑膠產品。

　　第一代創始人梁知行緊跟時局，大膽創新，兒子梁鶴年則為人低調，精於技術，1975年接手紅 A 後推出很多獲獎產品，例如用於微波爐加熱的器皿等，至今仍在銷售。另一方面，1980年代梁鶴年夫婦積極開拓企業市場，開始為餐飲、醫藥、工業界提供專用塑膠用品，最終令 B2B 成為紅A的主打業務。

　　2010年梁鶴年的女兒梁馨蘭在母親的建議下返回香港，正式加入星光實業。紅A因為多年來專注B2B市場，對大眾消費者的影響力已減退。梁馨蘭加入紅A後，一方面建立網上零售平臺，另一方面推出新的年輕產品線，嘗試建立新一代的消費群。近年來又利用紅A優質的企業客戶基礎，進行其他品牌代理的業務，為商業客戶提供更多元化的產品及配套服務。

1949

梁知行創立星光製刷廠，主力製作牙刷。

1959

買入大有街廠房，轉行生產塑膠製品。

1960s

推出仿玻璃系列產品

1970s

推出兒童系列產品，如水壺、太空篋、色彩繽紛的餐具。

1975

梁知行的兒子梁鶴年接班

1980s

梁鶴年夫婦開拓企業市場，開始為餐飲、醫藥、工業界提供專用塑膠用品。

1990s

推出微波爐煮食用具，點心蒸籠（1992）及飯煲（1992）獲得總督工業獎。

2004

設立「無塵間製作室」開發醫藥塑膠用品

2010

梁鶴年的女兒梁馨蘭加入星光實業擔任業務拓展總監

◉ ｜老品牌新設計

　　梁馨蘭曾在科技公司工作，也曾從事推廣體育用品及設計科技展覽的工作，回到家族企業後，梁馨蘭開始思考自己在家族企業可作出的貢獻，以及紅A作為一個老牌企業，它的前景應怎樣規劃。梁馨蘭回顧企業的產品時，認為「檢視過往出產的產品，感到缺乏新鮮感，給人沉悶的感覺，許多產品都是4、50年前爺爺及父親那年代創造及累積下來的產品。」梁甚至敢於質疑：「這些產品現今還有消費者需要嗎？這些疑問也驅使自己及公司內部的團隊，不斷思考改變的可能性，以及未來的前景應如何規劃。」

　　思考過程中，梁馨蘭其中一項革新思維以家用產品為焦點，目標是重新打造紅A的家用產品市場，讓今天的消費者重新認識紅A這個品牌。為此，她找來一班理工大學畢業的年輕人，組成一支新的設計團隊，設計推出了兩個更符合當代需求且色彩清新的副線品牌——「Aware」及「Create」——以吸引年輕消費者。新產品並非大規模的改革，也並非放棄固有的生產線，改革的方針更多是針對個別消費品系列進行設計層面上改變。

◉ ｜以網店提升知名度

　　2000年後網購在國外已經開始流行，紅A也早想嘗試新的銷售平臺以擴展其B2C業務，使新一代消費者能通過網上平臺重新認識紅A這個品牌。於是梁馨蘭加入公司後，就親自著手搭建網購平臺，其中的工作包括引入資訊科技後援團隊、設計倉庫資訊系統、網上繳費程式、版面設計等工作。網購平臺不是一個孤立的系統，它將與公司的內部系統互聯互通，也是公司落實控制成本的一項重要工程。梁馨蘭說網購的營業額從首半年的四位數發展到現在每年七位數，雖然從盈利的角度而言，網購平臺還沒有重大的貢獻，但從市場推廣的角度而言則可以讓大家認識到這個品牌。紅A同時也通過HKTVmall網上平臺銷售，網店既是銷售渠道，也是行銷方式之一，為企業重新接觸家品市場消費者提供了新的機會。

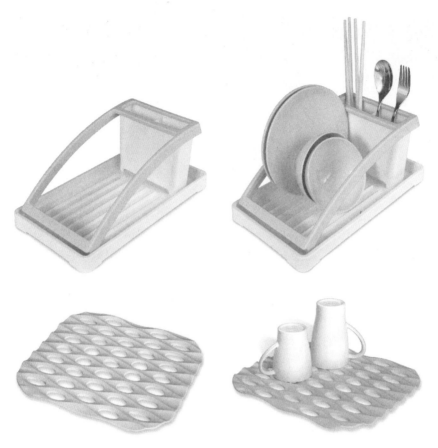

梁馨蘭為吸引年輕消費者，推出了兩個副線品牌「Aware」及「Create」，在產品設計上更貼合年輕消費者的需求。

◉｜企業內部運作革新

在開發網購業務時，新的銷售流程如何與公司存貨系統及內部運作程式同步是需要解決的問題。由於網購系統和公司內部存貨系統（inventory）不互通，公司還要進一步調整內部的運轉流程和整合各部門的資料。2019年星光實業開始實施一套全新的ERP系統，並與網購平臺系統互相配合，使庫存數據、網購流程、折扣及定價的訊息可以互通及不斷更新。雖然網購平臺目前只做到收支平衡，但新技術及銷售平臺的應用，推動了公司內部資料整合以及運作方式的革新，使得一個70多年的老牌企業在運作管理上更趨現代化。

紅 A 面對環保問題的挑戰，重新思考方向，決定開闢代理業務，例如代理臺灣和德國的廚具，配搭紅 A 的其他產品，提供一條龍銷售服務。

◉ | 銷售自家品牌與代理業務的新結合

任何一個行業發展到一定程度都會遇上瓶頸，塑膠業也不例外。梁馨蘭坦言，除了價格、外部競爭等挑戰外，「現在做塑膠業實在面對許多不明朗的因素，全球環境問題及環保意識的提高，也促使我們思考塑膠作為一種原料的前景將會如何？也因此聽到不少意見，認為不應從事單一種物料的生產。」這種對塑膠行業前景，或生產模式過度依賴單一原材料的種種憂慮，相信是梁馨蘭所指的不明朗因素。

面對困惑，梁從公司本身的優勢重新思考方向。紅A多年來累積了強大的企業客戶，尤其是餐飲業客戶，如何進一步利用現有資源開拓新的業務？梁馨蘭因此想到另闢新路徑，即利用紅A原有的品牌基礎，代理其他餐飲業品牌的產品。構想中的代理業務，不純粹是代理單一的產品，而是結合紅A的品牌產品而提供的綜合性服務。對餐飲業客戶來說，塑膠產品只是他們採購用品中的一部分。梁馨蘭舉例說：「一間酒店或餐飲集團要配置它們的廚房，都需要購置不同類型的容器、廚具和用具，紅A可充當服務提供者的角色，通過代理其他廠家的廚具產品，並配搭紅A出品的其他用具，為客戶提供整體解決方案的服務商，處理廚房器具配置的問題。」這種結合代理業務與銷售自家品牌的新策略，為客戶提供全面的售

前售後服務，可以一站式地為客戶配齊各類所需的產品，提供完善的一條龍服務。

這種代理與品牌業務雙結合的服務，是建立在原有客戶對星光實業的品質和安全的信任度上；梁馨蘭表示目前代理的品牌有德國和臺灣的餐飲業用具，產品都以品質和服務而非低價作為競爭力。這樣既滿足了餐飲業客戶的需求又擴大了公司利潤，還能進一步提升紅A自身的競爭力。

星光實業近十年在設計、銷售渠道、企業資源計劃、發展策略上都作出新嘗試。這些嘗試立足原本的品牌價值和客戶基礎，使用合理的資源來擴大業務範圍，同時也不斷調整內部運作方式。截至到目前，原有的B2B業務依然佔主導，新的嘗試仍在不斷進行中。

TAKEAWAY

產品、銷售模式、管理模式與時俱進
—

1980 年代之後，星光實業的主要客戶為企業客戶。過去的十年裡維持原有的 B2B 業務的基礎上，梁馨蘭開發了新的產品線，開設網店並更新內部運營系統，力圖重新拓展大眾市場，增加紅 A 在香港的知名度 。

紅 A 注入新的、年輕的設計元素，更新家用產品的副線，創造了 Aware 及 Create 兩個外觀設計及色彩清新的副品牌，以吸引年輕一代的消費者。此舉有助企業重新走入家用品市場，建立紅 A 與客戶的聯繫。

開拓網購平臺，牽動整體變革
—

紅 A 搭建網購平臺，也聯動第三方平臺，在網上開展銷售渠道。在建構網上平臺的背後，卻牽涉庫存管理、定價、定折扣、設計銷售流程、配送流程，以至公司內部資訊系統與網購系統互聯互通，實時更新的議題。星光實業認識到整體改革的重要性，故此藉網購平臺的興建，一併改革公司內部的資訊管理。

2019 年星光實業開始實施一套全新的 ERP 系統，並與網購平臺系統互相配合，使庫存數據、網購流程、折扣及定價的訊息可以互通及不斷更新。

借助現有市場，開拓代理與銷售自家品牌雙結合的業務模式
—

星光實業利用現有的企業客戶群，在為客戶提供塑膠製品的同時也代理與之相關的其他品牌產品，以項目形式打包提供給客戶綜合的解決方案。在這種新模式下，紅 A 不但是生產商，也是代理商及服務提供者，為客戶提供解決配置器具的方案和服務，此舉擴大公司的業務範圍和利潤。

酒店業及連鎖餐飲業需要為旗下的廚房設置各式器具，紅 A 充當服務提供者，為客戶提供綜合解決方案，為客戶提供紅 A 的產品和器具，還通過代理其他廚具生產商的產品，為客戶的廚房提供合適的器具。

個案研究 ｜ 三

擁有600項專利的
手動廚具品牌

康加實業

如何造出
領導市場的產品？

怎樣在抄襲
成風的市場中
自保及發展？

汪恩光（York）在 1993 年創立康加實業，創業至今一直都以手動廚具見稱，公司以獨特的功能設計貼合消費者的需要，汪恩光更被知識產權署譽為「捍衛知識產權鬥士」。康加創業以來，註冊了超過 600 項專利項目，不但保障了品牌的地位，專利權的應用還成為了業務的核心之一。

◉ ｜初次設廠的困境與啟發

York 在 1986 年已北上內地開設工廠，與另外三名合伙人以 2,800 元創業，創立了多立實業，做電子產品的代工生產。作為香港最早一批北上的廠家之一，他年輕時的畫作曾獲得香港公開西洋畫賽、即席揮毫賽、產品設計賽的冠軍和獎項，以及曾入選香港當代藝術雙年展，亦曾在父親的家庭式機械工房工作過，後來則在設計公司做手辦模型，但未有過開廠的經驗，對於工廠的財務、市場運作、供應鏈配套都未有全面的認識。所以這段時期的經歷與學習，成為了他於 1993 年開創康加實業的重要基石。

打理多立實業的經驗讓 York 意識到代工生產在整個產業鏈中的被動性，受到來自客戶與供應商的前後牽制。那時候，大部分下訂單的客戶都在差不多 60 日後才付款，但原料和零件的供應商卻往往要求他們在 30 日內付清帳單，使每個月也面對著周轉不靈的問題。不幸以他們做電子工具為例，摩打是各種零件之中最重要的一項，但他們當時無法自己生產，只得向摩打工廠購買。所以他們的業務十分依賴跟摩打廠的關係，一旦摩打供應商提高價格或減短付款寬限期，他們的業務就會立刻停頓。

York 回顧那個時候的情況：「我發現這是一個問題，我好像只是為摩打廠打工，我有什麼重要性呢？我好像只是幫它穿上一件衣服，做一個殼出來，如果他不供應摩打給我，我們整間廠便只能夠呆站在這裡了。」而就算成功把產品生產出來，由於他們沒有自己的品牌，也要面對買家的壓價，York 指出曾有一段時間他們的電子產品只是按重量計算價錢，即使是一件加工完成的用品，也只是用比原料價稍高的價錢賣出，毛利之低令人咋舌。這令 York 意識到要做能夠帶動潮流的產品，並且不被產業鏈牽制，業務上才有發展的空間，創立自家品牌的念頭由此而生。

York 認為創業最重要的第一步就是「定位」，在艱難起步時期，透過不同的項目嘗試，他發掘了自己在工程上的潛能，以及對產品質量的執著，這成為他個人做工業和設計的重要資產。有一次他們接到一宗滅蚊器的訂單，收到的唯一要求就是產品要絕緣，不可令使用者觸電，洋行把一個樣版交給了他們，便由 York 和他的團隊嘗試生產。過程中他們摸不清楚

1970

汪恩光（York）從事雕刻
藝術和手辦模型工作

1986

與另外三名合伙人創立多
立實業，做家電代工生產。

1993

創立康加實業及品牌

2002

獲知識產權署封「知識產
權鬥士」稱號

2005-11

先後獲發「ISO 9001」、
「ISO 9000」及「ISO 14001」
證書。

2014

憑蘋果削皮器、星級洗滌
脫水器、轉筒刨切機榮獲
紅點設計獎，同年獲得香
港 Q 嘜人氣品牌大獎、香
港工商業獎及香港創新科
技成就大獎。

正負極的電線圈應該如何繞才是最好，一名拍檔直接將電線圈暴露在外，最後以一顆螺絲去固定，但York則嘗試以超聲熱壓，將整條線圈壓進膠骨之中，把導電的部分藏了起來，夥伴皆覺得他的做法是多餘的，但他堅持這樣做才最安全，合伙人與York的意見發生了很大分歧。

由於經營困難及對質量的要求不同，其餘合伙人逐一離開，York也決定在1993年孑然一身再創業，成立了康加實業。他結合之前的經歷，確認了自己必須要做一些長壽的產品，而他觀察歐洲市場，廚具是一種很有潛質及長壽的產品，由他小學直至30歲，廚具產品還持續推陳出新。但他深知不能做電動廚具，因為又會有摩打供應上的問題，於是他把康加定位為手動廚具品牌，以功能上的發明去帶來新意及獨特性。

◉ | 功能創新，以設計立足市場

康加創立的時候，歐洲和日本已經有很多成名的廚具牌子，但York形容這些產品很「笨拙」，而他們康加的設計相比起來都是「好簡單」，康加的設計並非標榜什麼石破天驚的發明，也不依賴科技上的重大革新。他是從煮食的角度出發，針對一個地方的烹飪文化和菜式，從一些細微的地方作出調整，以適合每個市場的煮食需要，甚至能用廚具去帶動新的飲食潮流。

康加在1990年代先對準歐美的市場，針對歐洲流行健康飲食，在主餐進食沙律，推出了俗稱「青馬大橋」的旋絲機。「青馬大橋」是一個將蔬果切成絲的廚具，譬如把一個青瓜與薯仔插在機械內，然後去轉動把手，便能處理蔬果。但它的創意是在於刀片和旋轉角度的處理上，讓薯仔在整個切割的過程中不會斷開，能把一個薯仔切成約兩米多長的麵條，用家更可以輕鬆地更換刀片，切出適合自己粗度。這個產品不但在市場上廣受歡迎，更反過來為市場帶來了新的飲食習慣。

類似的產品還有手動絞肉機，當York去到俄羅斯、中國等不同的市場時，發現各地賣肉的文化各有不同，香港的肉檔會把肥肉、瘦肉等不同部分分開售賣，但有些地方

York 親自在無綫電視節目「活得很 Easy」上示範以「收納好旋絲機」將食材切絲及烹調獨門美食，結合媒體與煮食宣傳康加實業的產品。

把全部肉塊放在一起賣，向肉販買一斤肉，會買到一斤筋、膏、肉混在一起的肉塊，這對傳統絞肉機造成了很大的壓力，因為普遍絞肉機都是專門用於絞碎某一種肉塊。

於是他們在工作室進行很多試驗，最後發現絞肉的關鍵在於刀片與刀片之間的間隙距離，並且要計算好螺桿的紋路與角度，在螺紋的尖端上加一個尖齒，用以斬斷肉塊內的纖維。在考量了這三個要素後，康加設計出來的絞肉機能同時絞碎瘦肉、肥肉和肉筋，受到了一眾家庭煮婦的歡迎。「我們在廣州參加展覽會，有大媽十分懷疑，翌日她便帶了半斤重的瘦肉來嘗試絞碎，結果當然十分成功。接著她便把小區裡其他的大媽也帶來消費，因為他們連這種產品的盜版也未見過，十分新奇。」但這些產品的成功也不單單在於產品的設計，也因應著產品的質素。康加十分重視產品的工藝，在同類型的競爭者之中，其他公司的產品常常出現刀片斷裂的情況，但康加對於刀片的生產有嚴格的要求，譬如在熱處理沖壓捲料和綑料時，一定要依從正確的方向，沖壓完成後，再進行平面磨挫，將兩邊磨平，產品完成模版後再經過疲勞測試，連續不斷高強度地使用，確保產品的耐用度符合市場要求，刀片不會太脆，也不會太硬。York肯定對質素的要求是自己品牌的底線：「其實市場上沒有劃一要求，只是你的一種自我

要求，標準是自己定立的，要定高一點，不要自己欺騙自己，想簡單一點的話，只會自作自受。你會發現其實每一個細節，都是關鍵。」產品的獨特巧思和生產工藝上的質素保證，成為了康加這個品牌成功的核心。

◉ | 從保障專利權到OPM（Original Patent Manufacturing）

然而，產品成功後，康加便得面對抄襲蔚然成風的廚具市場，由新晉品牌到傳統老牌子都面對盜版的挑戰，York由1986年至今，屢見自己產品設計被盜用，甚至被抄襲者反告上法庭。但至今他從130多場的專利權官司中勝訴，坐擁600多項產品專利，並且獲得了「捍衛知識產權鬥士」的稱號，他的成果很大程度是從堵截的策略之中所取得。

他指出外觀專利與普通專利今時今日已經功效甚微，但是功能專利的保障能力卻仍然很高，他的公司也主要循功能專利的途徑去保護自己的設計與發明，利用逆向思維，在申請的時候先堵截所有可能用到的抄襲構思，並且在所有進軍的市場都領取專利，以大範圍包抄的形式令到無人能夠模仿。他們也在商業運作的過程中去保護自己，因有很多抄襲者都會假扮客戶，在商談與觀看模版的過程中，去盜取康加的設計意念。所以現時康加去接觸客戶時，並不會與客戶討論新的意念，而是直接從公司龐大的檔案庫中，拿出已經登記專利權的設計，就算真的被客戶抄襲了，也肯定有足夠的文件去保障和打官司。

不過，抄襲的情況仍是會發生的，York形容他們也是靠一種鍥而不捨的精神，不論抄襲的多少與官司的難易，只要他們發現冒牌的行為，便一定會訴諸法庭和制度，藉此打造出捍衛專利權的形象。有一次康加參與展覽會，York假扮成遊客，混入了圍繞著康加攤位的人群中，他偷聽到人說：「千萬不要抄襲康加的產品，他們一定告你告到底，比起迪士尼還要惡。」他覺得投放去申請專利和打官司的錢是十分值得的，並且深信自己品牌的售價雖然偏高，但創意與質素的配搭，可令旁人難以假冒，因為需要使用優質的原料和工藝才能夠有效發揮他們的設計。有次他發現寧波有個翻版的品牌，以比康加便宜15%的價錢售予買家，但他絲毫不感到擔心，因為他計算過零售價後，知道該牌子連康加的基本材料也無法負擔，內部運作一定有很多問題，完全不成威脅。

隨著康加的品牌聲名及專利設計擁有數量日增，很多國際的品牌也對他們的廚具設計產生了興趣，他們隨之漸漸發掘了「原專利生產」（Original Patent Manufacturing）的新型業務模式。這個模式實現了專利共享，若有另一個牌子想應用康加的某一個功能專利，可以向康加付3%的權利

「蘋果削皮器」的靈感來自中國市集小販的傳統刀工，能在幾秒內把蘋果去皮，這發明獲得了 2014 年紅點設計獎，

金，並且將York Wong設計師的頭像印在產品上，以獲得專利授權，這些客戶包括透過康加做代工生產及以外做代工生產的公司。起初，很多知名的品牌對這個做法感到猶豫，但York建立了一套做事風格，只將專利權授授予最早簽合同的公司，第二間遲到的話，則不再有合作的機會。這套做法雖然略顯高傲，但有效令到很多公司都會急於取得康加的專利共享授權，這些生意讓康加能更快地從研發和專利申請的巨額投資中回本，而現時自家品牌與「原專利生產」各佔公司業務約一半。

◉ ｜打造康加成為文化企業

　　York相信文化對於一間企業舉足輕重：「你有品牌、有設計、有管理，但你自己的產品都要帶有文化，你搞一個廠，一定要投放文化在其中。」文化可以體現於一個品牌中帶有的內涵，產品和行銷並非單純一個工程與商業考慮的結果，而是讓消費者在消費一種文化。York設計康加的產品，並不只是利用算術去設計出最完美的廚具，他本人喜歡下廚，承傳了父親120多道私房菜，他對於中國人的刀工和廚藝都深感興趣，所以他設計廚具時都會考慮食材和烹調的過程，飲食文化因而是其市場推廣的一個核心。如上文提及過的「青馬大橋」，York見識到中國東北喜愛用各式土豆絲煮食，從中構思到用這機器切的土豆麵來做名菜土豆蝦捲，還寫成了食譜，在美食網絡信息多媒體服務平臺「日日煮」（DayDayCook）與主持人一起示範如何用康加廚具處理食材及烹調菜式的方式。他們還因應

「退皮磨蓉機」應用槓桿原理使操作較傳統壓蓉更輕鬆省時，還可自動去皮，方便製作大量糕點的餡料、果醬或果蓉等。

康加的產品都申請了專利，防止別人抄襲、盜用。

不同的產品系列，編撰了《滋味食譜》，教導讀者利用他們的產品，去煮中菜、西菜、意大利菜、泰菜等不同菜系。

　　對於廚具公司來說，展覽是他們銷售方面的重要命脈之一，每年2月的德國法蘭克福展、4月的香港家庭用品展和10月的亞洲家品及餐廚用品展都是主要出擊的時候，每個攤位都會竭盡巧思去吸引顧客，以特備節目和送禮物的方式吸引客源。

　　康加除了這些慣常的套路，還會準備深度的表演。如York對廚具的興趣起源，其實來自路邊生果檔攤店主的刀法，店主手執一把西瓜刀，把蘋果順著刀鋒轉動，便乾淨俐落地把蘋果皮刨了出來，他也自己學習練成了這套刀法，在展覽會時，他特地表演這種中國市集的傳統刀法。而康加亦因應著這個刀法，研究了檔販用刀的弧度、長刀和活動半徑後，發明了手搖蘋果削皮器，用家可在五秒內把蘋果去皮。刀法的表演正好用來示範與宣傳他們的這些從傳統廚藝智慧而生的產品。

　　最後，康加營運他們東莞茶山的工業園區上，也彷彿在經營一個小社區，照顧工人們生活、教育、娛樂、健康的所需，並以「紅旗精神」領導企業運作的文化。康加的廠房有約800多人，其中很多人都是來自同一條村落的同鄉人，他們把整個家族帶到康加去工作，York很重視對他們的教育，譬如傳導男女平等的觀念，男女生皆同工同酬，女孩子生育可以享有

停薪留職的福利，待孩子長大後可以回廠工作，並且捐錢為他們建祠堂、醫院等重要設施。在照顧工人和家人的同時，則提倡「紅旗精神」的價值文化，紅旗車是韓戰期間，中國在貿易封鎖時期以僅絕的資源和技術開發汽車的國家標誌性企業，York自身是紅旗車的愛好者，他以此宣揚「堅持拼搏，自信無懼」的精神，希望工人們同樣有這種奮鬥的精神。他形容廠裡的女工，每次上貨都一定會等待最後一個運貨的貨櫃關上門閂後，才返回宿舍，員工對公司的責任感讓他十分驕傲和感動，紅旗車的廠長書記更親口說：「紅旗精神的靈魂，已經來到了廣東。」

開業至今20多年，康加每年持續投放資源進行研發設計和推出十多款產品，又擴建了茶山的廠房，利用強勁的功能設計和專利權保障知識，在未來繼續發展。

TAKEAWAY

因應消費者烹飪文化設計出功能獨特的產品

康加以生產手動廚具為主，藉由了解一個市場消費者的煮食習慣，設計及推出符合該市場的新產品，並在原材料和工藝要求上嚴格把關，確保產品的創意與質量兼具。

康加在 1990 年代推出針對歐洲市場的旋絲機，那時歐美盛行健康飲食，主餐也以沙律為食，康加透過刀片和旋轉角度的處理，設計出一款可把青瓜和薯仔等食材切成兩米長的麵條的切割器，還有四款刀片可以更換，切出適合自己長度的麵條；並且在刀片熱處理和打磨上，嚴格地處理，令刀片不易斷裂及使用流暢。

將專利權應用為擴展業務的資產

廚具本為容易抄襲的產品，但康加嚴肅和不懈地申請產品專利權和進行打假的訴訟，成功在行業裡建立了難以冒犯的形象，並且以售賣專利授權開拓新的業務和收入來源。

康加著重為產品申請功能專利，堵截抄襲者可能會取用的漏洞，把產品的詳細功能和可能構思都一概申報，至今擁有了 600 項專利，並勝出超過 130 場專利權官司，被行家視為「比迪士尼還惡」；並且實行專利共享，以 3% 的專利授權費，容許其他國際品牌購買和應用他們研發的專利，開發了「原專利生產」（OPM）的業務。

以文化打造企業的銷售和管理模式

康加把飲食文化與他們的產品緊密地結合，使產品除功能出眾外，還擁有文化的內涵，並透過各種烹飪節目內容去推銷他們的產品。又應用「紅旗精神」去帶領「康加精神」，使企業及員工擁有更豐富的精神面貌。

康加編寫了《滋味食譜》，教導消費者如何利用不同產品去處理食材及烹煮度身訂造的菜餚，York 更曾在「日日煮」網上煮食平臺上親身示範，以飲食文化推動產品宣傳。並且以小社區方式經營廠房，在照顧及教導工人的同時，以紅旗車廠「堅持拼搏，自信無懼」的精神，鼓勵他們努力工作及建立責任感。

個案研究 ｜ 四

成功實行全球管理的
電動工具龍頭

創科實業

如何照顧全球
不同市場的需要，
又維持全球競爭力？

怎樣管理和
設計全球性品牌？

創科實業由鍾志平博士（Roy）和 Horst Julius Pudwill 兩人在 1985 年共同創立，初期以代工生產電子工具的業務起家。1998 年金融風暴後，創科實業持續收購全球的知名電動工具、手動工具及吸塵機品牌，以擴展市場和產品線，並且擁有全球性的設計團隊，以香港作為全球設計中心的總部；設計團隊由工業設計師翁國樑（Leon）帶領，為產品增值及進行全球在地化的設計。創科實業以科研設計做基礎，成為全球電動工具的龍頭。

◎｜收購全球品牌以轉型和擴張業務

Roy本是美國國際電訊公司的經理，其合伙人Pudwill則是從事福士汽車代理，兩人在1985年合資兩萬美元創辦了創科實業，那時的生意十分簡單，以呎租一元、月租7,500元租了葵涌貨櫃碼頭路77號的鍾意大廈。開業的時候公司生產儲電式電池包，後來慢慢轉為做「入屋」的產品，以生產可充電的家庭式電器為主，例如充電式吸塵機、家用電鑽等。1987年，業務迎來了擴展的契機，美國電動工具品牌Craftsman邀請創科實業設計無線電鑽及螺絲批，並且將訂單量由五萬件增加至100萬件，創科實業順利完成了這個專案並且打出名堂，其後旋即收到了第一批50萬部吸塵機的大型訂單，開啟了創科實業為分銷商供應電子工具的業務。創科實業借助業務的發展，其後一年便在東莞厚街開設了廠房，以應付日益增加的訂單，更在1990年於香港交易所主板上市。

創科實業的代工生產業務做得十分成功，營業額在十年內由4.9億元增加至45.5億元，然而在1998年金融風暴後，美國經濟出現衰退，令創科實業的訂單量明顯下降，面對危機。由此創科實業開始思考轉型的方法，並且選擇了併購品牌作為突破的方式，由代工生產進佔分銷和研發自家產品的位置，開拓新的市場。收購品牌時不但是買了一個商標，還連帶著收購了那個品牌的技術含量，以及固有客戶群，所以關於收購的策略Roy表示：「併購必須是有的放矢，創科實業收購品牌時一直恪守一項原則，那就是被收購者必須是其專屬類別中的佼佼者。」充分利用併購品牌所帶來的資產是創科實業的重要方針。

創科實業收購不同品牌時，都有不同的市場和品牌特色。例如 Ryobi 戶外園藝電動工具體積較大，歐洲和亞洲家庭大多普遍庭園面積較細，甚至沒有草坪，而美國擁有較大面積的庭園，故 Ryobi 主要以美國人為銷售對象。

　　由1999年開始至今，創科實業持續收購不同的業務，主要分為了電動工具、戶外園藝設備和地板護理三大主要的板塊。他們首先在1999年收購了歐洲的吸塵機品牌VAX，其後在2000年及2001年作出了其中一個最重要的收購——Ryobi旗下北美和歐洲電動工具的業務。當時的收購動用了七億多美元，但是創科實業所擁有的現金只有三億，所以令公司負債的比率一度高達90%，財務的狀況頗為危急。面對這個情況，創科實業關閉了Ryobi的美國生產基地，將生產線搬到東莞廠房，並進一步將技術及毛利較少的低檔次產品外判給華東地區的廠房代為生產，將生產的成本減少了20%。雖然這個收購一度令創科實業陷入財困，但Ryobi產品的特色和功能非常適合北美和部分歐洲市場，現在成為了創科實業其中一個最核心的品牌，其帶來的盈利也讓負債比率在三年內減至17.5%。其後，在2003年收購了Royal和Dirt Devil兩個吸塵機大牌，合併為創科實業地板護理業務，2005年收購了專業級電動工具Milwaukee和AEG。經歷六年之內的多項大規模收購後，基本上已奠定了創科實業業務的主要形態，形成了公司的品牌產品，並圍繞著三大業務板塊發展，繼續收購更多品牌以拓展公司的產品深度。

　　然而併購各個品牌形式不盡相同，如Ryobi只是取得了北美和歐洲區域的品牌授權，而Milwaukee則是一項全權收購。不論採取哪一種模式，創科實業都不會把自己僅僅視作一個分銷商，收購回來的品牌是發展的基礎，他們著重市場的分析及隨之以來的針對性產品設計，從全球的層面去管理品牌。

後來創科實業再收購了專業級電動工具 Milwaukee 和 AEG，成為了世界電動工具市場的龍頭企業，成功由代工廠轉型為品牌商，未來將繼續收購更多品牌。

◉ | 品牌和設計部門以國際分工去進佔專門市場

提到公司的業務如此國際化，如何去讓各個品牌適應不同的市場，Leon指創科實業的做法並非讓每個品牌都用於全球各個市場，而是了解個別市場的需要後，推出一個最合適的品牌：「我看不到有任何一個品牌能涵蓋全球所有地區的需要，市場價位、定位、消費市場成熟程度和競爭對

手的強度在每個地區都不一，因此每個品牌都有一個獨特的身份和定位，用以鎖定一個專門的市場。這就像汽車工業一樣，美國車不能在日本賣，因為他們款式的車身太龐大了，不適合日本的道路、泊車需要，反之亦然。」在這個原則下，VAX 作為一個西歐歷史較久的知名品牌，便會集中在西歐國家出售；Milwaukee 和 Ryobi 在北美各自擁有超過 50 年和 100 年的歷史，故這兩個品牌都是主要針對北美的市場。

故此，各個品牌需要對自己的目標市場作出調適，創科實業因應這個需要創立了強大的設計團隊，在全球共有六個設計中心，以當地的團隊去進行設計和工程改造，經營品牌的所在地業務，而六個中心以夥伴和姊妹中心的形式運作，並利用香港作為全球設計部門的溝通樞紐。其中三個在北美，各自負責工業電動工具品牌、戶外園藝設備零售品牌和地板護理品牌，一個在歐洲負責吸塵機品牌，還有一個小型團隊在東莞的廠房支援香港的工業設計。

研發中心的設置主要是作出協調各個品牌的業務關鍵月份的需要，例如園藝產品受季節天氣影響，冬季下雪的時候業務是比較淡靜的，但春、夏季則是業務的黃金時段；電動工具在父親節、聖誕節等節日則特別暢旺，是送禮給家人的佳品；工業電動工具等則全年的銷情都頗為平均。因此分開不同的部門後，能夠較有效率地照顧品牌的市場需要，快速地作出季節性調整。

這個分工的格局是創科實業管理全球業務的基本策略，雖然香港既不是生產中心，也不是核心的市場，可是香港的設計部門在整個業務鏈中扮演著重要的角色。

◉ | 以設計讓品牌和產品增值

北美洲的設計團隊是創科實業的第一隊專門設計師部門，香港的設計辦公室本來是一個小型的團隊，以支援北美的業務，但創科實業的品牌持續發展、市場擴展至歐洲和澳洲後，創科實業在約五年前將香港設立為全球六間設計中心的總部，並將部門更名為「Techtronic Design」，以專門執行設計的任務。

與在地的設計部門不同，香港的團隊主要負責制定產品的宏觀發展方向，以及在功能和產品類型上為品牌增值。Leon形容他們的任務是負責整個產品開發流程中最源頭的工作，在任何產品變成實體之前，都需要在他們的部門經歷7至14個月的研究和開發的過程，Leon列舉了他們要負責去解答最原始的問題：「我在嘗試設計什麼？ 我想把這個產品投放在哪裡？ 這個產品為誰設計？相比我的競爭者這個產品要怎樣？」部門包括了30多名工業設計師、十多名概念工程師、約五名傳訊員及幾名研究員和用戶體驗設計師等五個團隊，各團隊以聯繫和合作的方式，從在地的分行中提取數據，並透過他們的網上工具，訪問特定國家、階層與消費習慣的人，以此變成一個追蹤市場變化的雷達：「我們要從資訊中決定何時出現了品味和習慣的改變，這是一個最大的即時危機，我們的團隊便要迅速思考如何回應需求，要為產品增加什麼特色。」團隊設計好產品意念後，便會交由東莞的工程及設計團隊去嘗試打版和生產，最後經過三至六個月的審核期，便會正式推出產品。所以每個新產品普遍都經歷三年或以上的開發周期，方能推出市面，而香港的團隊佔了當中大部分的任務及時間，訂定了大部分產品的方向。

2005年被全面收購的Milwaukee是其中一個範例。Milwaukee是一個工業級的專業電動工具品牌，現時系列中包括電鋸、電鑽、泥漿攪拌機、熱風機等用具，在創科實業收購它的時候，公司已經掌握在鋰電池方面的技術。創科實業的設計團隊在收購後重新整頓Milwaukee品牌，發現市面上的電動工具普遍存在一個問題，就是工具主體、電池和充電器三個部分是套餐形式售賣，消費者若想將其中一部分升級，或將損毀部分更換時，必須重新買一套新產品和配件。若有四種不同產品的話，更需要有四種充電器在家中，不但更換費時，而且浪費金錢。所以他們因應市場的現況，設計出了M12、M18、M28等等充電式無線系統平臺的概念，創科實業將系統內所有的工具主體都設計成使用M18的電池系統，所以假設現在的工程需要使用兩款工具，只需要把工具A的能源轉換到工具B中，便可以直接使用，如果將來需要購買更多種類的工具，也只需要購買工具主體即可。這個概念為市場帶來了一個非常實用的新意，亦令消費者對Milwaukee建立了難以取代的依賴性，這些品牌系列也在一直透過各自的平臺成長。

在制定產品的核心方向外，功能上為產品增值也是香港設計部的重責。例如創科實業在2007年收購了手動工具品牌Stiletto，創科實業素來不以手動工具聞名，所以為了增加其市場的影響力，Leon的團隊重新創建這個品牌，為這個手動工具系列研發了八項專利技術。當中包括調校鎚子的角度，鎚子與釘的接觸面並不是平面，而是帶有斜度，這是團隊經研究

過後，發現把釘子釘直的最佳撞擊角度；又在鎚子的後方加了一個平面的夾，以便在狹窄的環境中也可把釘子抽出來。這些功能上的研發，為原本的工具添加了更多的功能性和市場價值。

創科實業憑著大膽清晰的收購、全球化設計和管理的技術和精密的設計流程，成為了今天全球的電動工具龍頭，當中電動和手動工具佔了85%的營業額，地板護理業務則佔14%，在2018年度錄得17.4%的淨盈餘增長，是一個香港中小企晉身成為國際大品牌的經典故事。

TAKEAWAY

收購品牌以獲取產品、技術和市場

創科實業本是一所經營代工生產的公司，但1999年起開始在全球收購不同的品牌，利用這個簡單快捷的方式轉移業務，開始設計、研發技術和打造自己的品牌，向歐美國家出售自己的產品。創科實業收購品牌的原則是：具清晰目標及定位、有市場基礎及專精技術的才作出收購決定。收購涉及財務承擔，是高風險的投資策略，故公司需要有遠見和決斷力。

創科實業透過收購建立了電動工具、手動工具、戶外園藝工具和地板護理三大業務板塊，這些品牌本身已有清晰的品牌定位和強勁的市場，亦有一些核心研發的技術，讓創科實業不用從零入手，可以立刻進佔市場上一個較高的位置，是他們擴展其版圖的重要策略。

品牌有不同個性，各自攻佔所屬的市場

創科實業雖然有很多不同的品牌，但他們不會把所有品牌都在所有市場中推出銷售。品牌各自有本身的特質、歷史和市場需求，把每一個品牌集中在某一個特定的市場中，以滿足特定市場的需要和特色才能拓展品牌業務。

每一個品牌被創科實業收購時，都有其自身的既定市場和品牌特色。如地板護理品牌Vax在歐洲國家，尤其是英國是一個備受歡迎的傳統品牌，創科收購後仍會主要用Vax來搶佔西歐的市場；Ryobi的戶外園藝電動工具體積較大，故主要針對美國擁有較大面積庭園的家庭市場，歐洲家庭的庭園面積普遍較細，亞洲家庭大多甚至連草坪也沒有，所以Ryobi的銷售對象便主要集中為美國人。

重新檢討市場情況，為產品作出增值的設計

創科實業所收購的品牌雖然大多都已有很長的歷史和出色的技術，但創科實業的設計及科研團隊仍會再設計這些產品，為進行一些重大的策略性發明，也會在不同市場需要之中作出微調，讓產品在市場上更出眾及具有競爭力。

電動工具的市場上，消費者在購買的時候通常會有三個部件：工具主機、電池和充電設備，市場上的產品普遍都是三者作為一個套餐出售，然後每個不同的產品配置都略有不同，若然需要更換或升級一個部分，往往要花費額外的金錢去更換整套設備。有見於此，創科實業收購Milwaukee後，利用其既有的鋰電池技術，開發了M12和M18這兩套系統平臺，這平臺之中的所有工具皆使用相同的電池和充電系統，消費者只需購買新的工具去嵌入原有的平臺，或可更換單獨損壞的零件，大大改善了使用的便利程度和減少消費者的支出。

個案研究 ｜ 五

迎向潮流的
家電業老大哥

德國寶（香港）

從單一產品

怎樣做到成功開拓

多元化的生產線？

傳統製造商

怎樣打入內地零售市場？

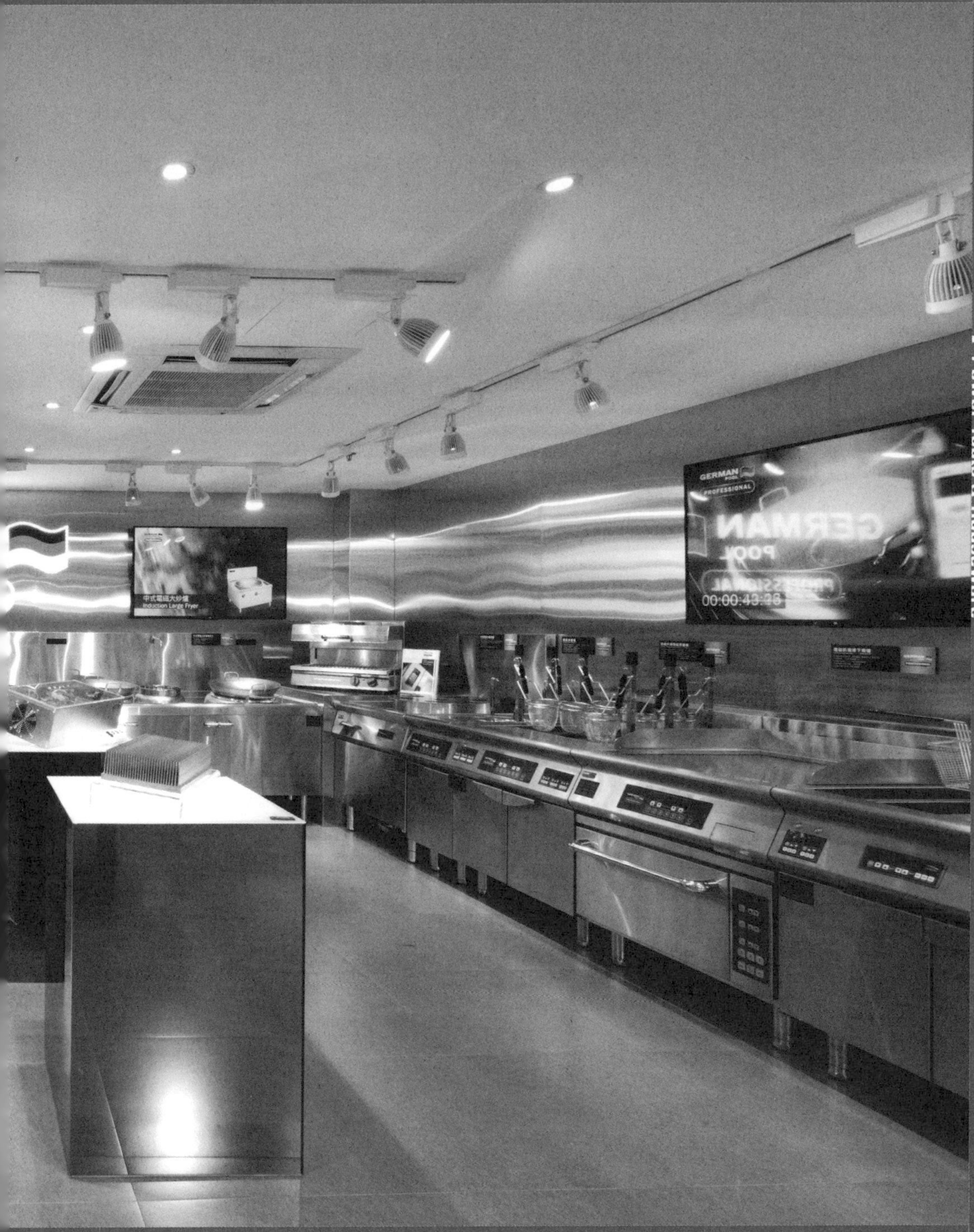
GERMAN POOL
PROFESSIONAL
中式電磁大炒爐
Induction Large Fryer

德國寶（香港）由陳國民（Edward）於 1982 年創立，開業時只售賣熱水器，經歷了十多年的時間才由單一產品橫向發展，誕生了過百種產品，並由家電生意衍生了相輔相成的櫥櫃業務，女兒陳嘉賢（Karen）於 2006 年加入公司後，讓公司在銷售策略上進一步緊貼潮流，並且成功進軍內地市場。

◉｜由單一產品橫向發展

德國寶是以賣熱水器起家的企業，緣起可追溯至1970年代，當時香港家庭電器市場的發展程度還不高，常見的家庭電器只有洗衣機、雪櫃和電視機。在日常生活裡，如果人們要用熱水洗澡的話，就要先以火水爐煲熱開水，再用水盆盛水去浴室洗澡，十分不便。Edward由此看見電熱水器的市場潛力巨大，必然是未來的發展趨勢。

Edward於1975年在土瓜灣開設一間規模細小的家庭式工房，在浙江街天井與天臺租了地方，從外國搜羅發熱線、恆溫計等等配件，以德國的零件和日本的鋼材生產熱水器，德國供應商的技工與工程師還教導他們相關的技術與知識，他們憑著這些機會嘗試組裝熱水器。其後Edward把製成的試驗品拿到電器舖賣，初時消費者仍然半信半疑，但很快速被市場接受，在消費市場中，熱水器也成為了一種必需品。Edward搶到了熱水器市場的「頭啖湯」，希望更有規模和規範地經營這盤生意，於是在1982年正式成立了德國寶公司及品牌，與德國公司研發了第一代儲水式熱水器，其後再研發即熱式熱水器等，這些產品成為了公司的成名作。

德國寶有超過十年的時間，以售賣熱水器為唯一的業務，直至1990年代才開拓其他家庭電子用品的產品線，並在1999年推出內嵌式用品，拓展廚櫃新業務。對於品牌成立超過十年才發展新的產品線，Edward認為這是建構品牌的重要策略：「消費者的信心是最重要的，我們很多顧客已經用了我們的熱水器有一段時間，對我們產品的質素很有信心，所以當我們再推出抽油煙機和煮食爐等等系列時，市場就很容易就能夠接受。」

德國寶是最早在香港做熱水器的公司，Edward以「Replacement Market」來形容他們在1980年代的經營模式。由於他們為顧客提供十年保用的保證，所以在第一次銷售之後，顧客會再把熱水器帶回來維修，或者在推出了更先進的熱水器時更換家中的舊品。如此下來，熱水器產品提供了一個穩健的業務，十年過後，第一批保用的熱水器仍然運作性能良好，德國寶因而建立了一班忠實的顧客群及市場中良好的口碑。

1980、90年代，德國寶的生意模式主要是B2B，即面向分銷商，當時

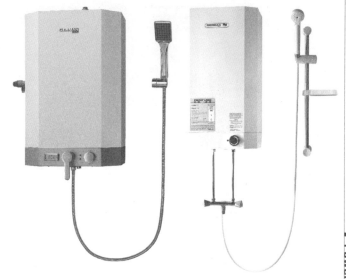

德國寶看準市場需求而推出熱水器，其品質保證及十年保用，在消費者中建立了良好的口碑。

TIMELINE

1975
陳國民（Edward）在土瓜灣開設家庭式的工房

1982
創立德國寶品牌

1989
開始在珠海設廠，其後搬到順德。

1990
橫向擴展不同的產品線

2002
開展廚櫃及陳列室業務

2006
女兒陳嘉賢（Karen）以副總裁身份加入公司

2010
開展內地的業務

主要由發展商和裝修師傅選用，應用在酒店等商業建築，甚少有客戶親自購買。隨著社會基建發展迅速，很多私人屋苑與居屋都有更完善的電網配置，所以Edward開始考慮「品牌入屋」的策略，實踐品牌的理念，攻打家用市場。他們首先推出抽油煙機，後有爐具等等，供一般家庭的廚房使用。

但開拓新的產品，生產是一個很大的挑戰，德國寶雖然在珠海及順德投資了廠房，但他們一向只是做熱水器為主，其他廚具的生產經驗不多，因此在生產管理上，Edward充分實踐了德國寶的品牌理念，集各家之長去辦事。「德國」寓意最好，「寶」即是英文的「pool」，將所有東西集中在一起，所以「德國寶」是將所有最好的東西集中一起的品牌。

Edward認為橫向發展品牌時，不能所有產品都由自己的廠房生產，必須有其他人幫忙做代工生產，否則所有產品都由自己生產的話，會承擔十分高的風險。他坦承：「德國寶做熱水器很有經驗，在創業的時候已經開始，但不代表雪櫃也能做得好，我們的廚房系列總共有300種產品，不能獨力一個人去做，始終要找人幫忙。」所以德國寶選擇不去投資興建大量廠房，而是選用彈性的方法，在全球尋找適合的廠房來擔當不同產品線的生產。因為生產

後來德國寶拓展業務，在熱水器市場外，建立了廚櫃和家電一站式銷售服務，並且開設了陳列室，直接接觸零售客戶。

量不足的時候，成本會十分昂貴，所以自資廠房生產自己的品牌時，廠房也要同時擴張代工生產的業務，例如年產兩萬件自家品牌的產品，就要代工生產200萬件產品分散生產成本。Edward認為一個品牌不足以養活一間廠，那不如光顧其他代工廠房，將德國寶的要求加在一些現有的設計上，或將設計與模具交給廠房去生產，那便可以與代工廠房共同承擔運作費用，分擔風險。

◉｜產品還需要整體設計的配合

確立了生產的方式後，1999至2002年是德國寶品牌發展的重要時刻，期間公司推出內嵌式的家電，並推廣「廚房新概念」，利用廚櫃作為輔助推廣家電產品的媒介，由此在全港建立了多個一站式廚房設備銷售概念陳列室。在1999年，德國寶推出多個新系列，例如全新的嵌入式中央系統電熱式熱水器，這個專利發明利用預設的煤氣熱水器排氣喉的牆洞，將儲水部分以嵌入式藏於牆內，只將控制箱部分展露於牆外，相比傳統的外置型熱水器能節省了差不多75%的空間。

在設計過程中，Edward亦意識到家庭產品必須配合室內及空間設計，才可呈現產品的特點。經過幾年的籌備，德國寶在土瓜灣、沙田和灣仔開設陳列室，為顧客提供一條龍的廚櫃及廚具銷售服務，顧客亦可在陳列室度身訂造產品，這個新的業務成功將德國寶帶入了零售市場，得以直接面對消費者。

德國寶在內地打響品牌後，便正式在內地投產，設立廠房。

◉ ｜加盟店開拓內地市場

2006年，Edward的女兒Karen以副總裁的身份正式加入公司，她的營商理念與父親並不一樣，帶領德國寶在電子商務和內地市場上作出突破。Karen形容父親的哲學為「力不到不為財」，若然有一些市場進入的難度太高，那不如集中在自己擁有優勢的地方，所以，德國寶一直以香港為主要市場，但Karen覺得香港的業務已經上軌道，但內地的城鎮化加速和中產才剛崛起，對廚房電器需求大增，機遇甚大，故此決定向內地進軍。

鑑於內地市場情況複雜，Karen和她的團隊先進攻線下市場，後再走向電商市場。2010年左右，德國寶開始積極參與內地的路演和家電展覽會，Karen承認即使德國寶在香港做得很好，但在內地始終不是很多人認識。德國寶需要努力提升曝光率，而購物展是很好的試金石，學習和認識內地市場的脈搏。任何產品是否受歡迎，一投放到會場內便一目了然，如果一批貨在幾天內被搶購一空的話，就會是受歡迎的系列。

在建立市場經驗的同時，德國寶再次運用其搜羅優秀合作者的做法，將分銷商升格，以加盟店的形式去發展內地的市場，這與在香港慣常設置陳列室和零售銷售點的做法大為不同，用以適應內地的情況。Karen指出，加盟店比起直營店（指公司直接營運的店舖）更為方便管理和有效率：「直營店的成本高，培養店長歸屬感十分費時，又要從香港總部調派人員長期駐場，處理分店帳目及事宜。相反，加盟店的店長本身已經是老闆，他們可以其自身的網絡和能力去協助處理售後維修及保養服務，遠較直營

店容易管理。」加盟店以縣為單位，在試行五年之後，在全中國已擁有超過300個線下銷售點，建立了一個頗為強健的網絡。

◉ | 利用電商平臺開拓市場

走過了五年的線下營銷，Karen的團隊轉而向線上電商平臺進攻。2015年8月，德國寶獲邀請進駐天貓國際，並且首度參與「雙十一」的促銷活動，錄得了單日700萬的成交額，這個成績印證了德國寶打入內地市場並取得了初步的成功。德國寶用料優良，香港和內地營商環境的文化又不相同，他們產品的價格往往較同類型產品貴三倍以上，內地一些品牌以薄利多銷的策略行銷，通過電貿一日能夠做一億元的生意，Karen坦言這是「牛牌」和「蚊牌」之別，雖然牛牌賣得貴，但最終蚊牌賺得多。然而Edward仍然非常樂觀，他認為品牌的名聲和質量才是最重要，只要德國寶是家電界的「星巴克」，那就算產品的價錢偏向昂貴，仍然能夠吸引到顧客群。

因著內地市場打響了品牌，德國寶進一步加大了內地的投資力度，公司於2015年在順德完成了內地總部首期工程，正式投產及作為內地業務的核心樞紐。

◉ | 新產品貼近生活潮流和文化

產品壽命周期大幅減短是家電行業近年面對的重大困難，以往德國寶的一個熱水器可以用十年，但在電子商務的影響下，市場轉變十分迅速，消費者能接觸到大量的資訊及創意，很多傳統的老牌子可以在一夜間消失。這對Karen帶來了重大的啟示，她知道不能再只靠單一面王牌去做生意，必須與時間和潮流競賽，但市場需求是有多個層次的，產品設計要找到精準的消費群體，並循著這個方向創新，如此便能擴大銷路。

德國寶進駐內地市場時，便是著眼於中產階級，中產並不只尋找一樣可靠的實用品，還追求生活的品味，因此在2015年起，德國寶改為部署生產中高檔路線的生活電器。Karen推出了一系列以養生、環保、健康為概念的產品，例如名為「養生機」的食物處理器，標榜能利用高速摩打將蔬果的纖維細胞壁碾碎，釋放植物生化素，可連皮帶籽都打成汁，沒有渣滓，可以吸收整個食物的營養；又有一些貼近飲食潮流和功能性的產品，例如「韓式燒烤爐」，緣於近年內地風行韓國的潮流文化，特別是韓劇受到女生及家庭主婦歡迎，韓國炸雞、烤肉及啤酒的文化深入民心，德國寶利用原有的光波爐的技術和產品，在外形上重新設計，以太陽紋路易潔烤盤為

底座，造成韓式烤肉盤的外形，可在室內無油無煙地燒肉。這些產品的概念與潮流飲食文化十分貼近，幫助德國寶營造了優質生活及有生活態度的品牌形象。

而在新產品推出的同時，德國寶也很著重取替植入式的廣告，要以軟廣告的方式去宣傳產品。近年德國寶贊助了肥媽的電視煮食節目，在節目中把德國寶電器的功能用不同方式演繹和發揮，但不能硬來，要用得舒服和自然，這個合作亦令肥媽與德國寶在不知不覺間似乎畫上了等號，在很多主婦心目中留下了深刻的印象。

德國寶從熱水爐的老大哥，到近年不斷年輕化及挑戰不同的市場，可見德國寶明白潮流趨勢並從中策劃的力量，採用了無孔不入的方式，傳統產品、新產品、線下網絡和線上銷售，從多角度去建構家電王國。

TAKEAWAY

從單一業務板塊開展關聯產品線

德國寶創業首十年都以賣電熱水爐為單一業務，之後才橫向擴展其他的產品線，並且透過輔助產品宣傳家電的機會，找到廚櫃設計的新業務。

德國寶在 1999 年研發了嵌入式家電，可把家電的部分位置收藏在牆洞內，並把控制板面留在牆外，但 Edward 深感要配搭廚櫃和這些產品一起展示，才能夠充分表現到產品優勝的地方，由此順勢建立了廚櫃和家電一站式銷售服務，並且開設了陳列室，直接接觸零售客戶。

線下加盟店與線上營銷相輔相成

內地的營商環境獨特，加上香港和內地兩地文化亦不一，Karen 先派團隊參與內地不同的購物展，建立銷售網絡，五年後才在電商平臺上開臺。

德國寶在 2010 年以加盟店的形式，在各縣中尋找適合的分銷商擔任當地的代表，藉此減低總部去管理各地業務的壓力，亦可用加盟店店主本身的網絡去幫助本部，幾年內便建立了 300 個零售點。其後在 2015 年上架天貓商城，並在雙十一購物促銷節錄得單日 700 萬的成交額。

設計新產品貼近文化潮流

德國寶進入內地市場是瞄準著中產的客戶群，傳統性能穩定可靠的家電對他們吸引力並不大，Karen 的團隊去了解這階層的消費傾向，並設計出新的產品。

中產追求生活的品味和態度，所以德國寶設計了中高檔路線的生活電器，利用原有的技術和產品，以養生、健康、潮流概念去重新打造產品，如「養生機」、「韓式燒烤爐」等。

INTEGRATED
PRODUCT &
SERVICE INDUSTRY

4

綜合產品及
服務行業

多變的創造力。
展示香港工業家融合和
以下收錄的案例正好
超乎想像的跨界別融合，
企業促成了許多
為了適應市場的變遷，
多變的面貌，
香港工業近年呈現

綜合產品及
服務行業
介紹
INTRO-
DUCTION

香港還有林林總總的不同工業,當中不少行業如塑膠、製漆、五金業,行頭雖小,卻是工業生態環境裡重要的組成部分,而且當中不乏業界翹楚。工業產品是多元的,部分產品以消費品形態產出,最終流入本地或海外的大眾消費市場;另一類工業產品卻是為其他工業而生產的,如塑模、模具、配件、生產原料,以至生產過程中所需的用具和物料等,這些工商業用產品的生產、供應以至有序地組織成為生產要素,用之於工業活動,這類經濟活動也是本港工業群像的一個面貌。

本章節以「綜合產品及服務行業」來形容一批專注生產工業用物料,或運用工業物料來生產消費品的企業。這種分類雖不是業界認可的分類,但從研究團隊的角度,我們認為這些行業在工業生態環境裡佔有重要的位置。

塑膠業

—

　　塑膠業與紡織製衣業、鐘錶業及電子業一樣，同列香港四大工業。本港的塑膠業始於戰後，當時中國，特別是上海，大量工業家帶同技術與資金來港設廠，帶動了本港的塑膠業發展。塑膠業可分為塑料煉製、塑料生產和製品生產三大部分，前兩者涉及化學工序，企業名字一般有「化工」字眼，成品生產的工廠則多以「製品廠」、「塑膠廠」命名。本地塑膠業以製品生產為主流，常見生產方法有注塑、吹塑、吸塑和擠出等，用啤機將塑料送進工模定型。早期的塑膠廠多是山寨家庭形式的小型工廠，大多位於舊區唐樓或街舖，只有小量手搖式啤機。當然亦有工業家開設的大型塑膠廠，當他們的訂單多得應接不暇之時，便會以分包形式交給山寨廠。

　　戰後初期，本港塑膠產品以水杯、奶嘴、牙刷、髮梳、相架、麻將牌等簡單產品為主；至 1950年代中期，則漸轉為塑膠玩具和塑膠花。及至1960年代中期，塑膠玩具成為主流，亦使塑膠業與玩具業成為密不可分的行業。當時不少歐美玩具品牌企業將生產轉移至香港，透過在本地塑膠廠以代工生產形式生產，當中著名品牌包括美國孩之寶和美泰等，使香港在1972年成為世界最大玩具出口中心。

　　除了塑膠廠製品外，香港尚有塑料化工廠，不過規模則較小，其中最為著名的是田家炳所創辦的田氏化工。田氏化工自 1960年起，向本地廠商供應廉價的原材料：PVC薄膜。1980年代是本港塑料化工廠的鼎盛時期，其產品不單供應本地廠商，更遠銷至外國。

　　至1980年代中國改革開放後，本地塑膠廠製品受到內地較低租金及工資吸引，率先到內地設廠。與大部分行業一樣，本地廠商採用前店後廠的形式，將生產線北移，在香港則保留接單、會計、物流、貨倉等部門。而塑膠原料廠由於機器較多，又非勞動密集工業，故其生產線直至 1990年代初方始北移。

製漆業

—

　　本地的製漆業，相較其他工業規模較少，然而它卻歷史悠久，而且各工業均需要依賴它們提供原料，對本地工業貢獻極大。香港的製漆業早在1930年代開始，最早的兩家工廠分別是中華製漆有限公司和國民製漆公司（亦即後來的駱駝漆化工有限公司）；及後則有國光製漆公司和香島製漆廠；戰後建國

漆廠成立，是為第五間本地製漆廠。

　　與四大工業不同，製漆業並非勞力密集工業，而是資本及機械密集的工業。不過早期的製漆廠都是由小工廠開始，工廠規模細小，設備有限，而且多以人手操作。及至1950年代末，政府開發觀塘作為工業區，各廠商才搬遷至大型工廠大廈。這對於製漆業非常重要，因為其製作過程牽涉大量易燃物品，而且加熱時很容易發生火警；而在工廠大廈，由於擁有寬闊的廠房通道，並建置儲存化學溶劑的安全設備，其安全性比較大。

　　製漆業亦是技術密集行業，其中中華製漆和國民製漆的創辦人都是外國大學畢業後，帶同技術回流香港；而第二代管理層亦有不少同樣化工出身。另一方面，本地製漆廠亦著力研發新產品，不少漆廠在1950年代末已設立實驗室；1960年代各項工業起飛，本地漆廠便相繼研發適用於不同物料的漆油。值得一提的是，由於香港出產的漆油適應潮濕溫暖的亞熱帶天氣，在1950年代更差不多完全獨佔東南亞地區市場。不過，本地的漆油雖有外銷，但仍以本銷為主，因為本港興盛的工業已為其帶來龐大的需求。

　　至1980年代，本地工業逐漸萎縮，漆油需求急降，本地製漆業也面臨寒冬。部分漆廠被迫結業或轉賣，現時只剩下中華製漆及國民製漆兩間漆廠，而且他們也不得不將生產線轉移至內地，以節省生產成本。香港的製漆業由是亦變成前店後廠的模式。

五金業

―

　　五金業可說是現代工業的基礎，所有使用金屬原料的行業均需要依賴它。五金業按產品性質，可分成金屬冶煉、成品製造和配件生產等部門。金屬冶煉由大型鋼鐵廠負責，出產銅、鐵、鋼等原料供成品製造廠及配件廠，前者直接生產金屬製品如電筒和廚具；後者則製造螺絲釘、扣針、鐵釘以至錶殼等生產零件。此外，五金業也牽涉製模、電鍍、磨光等工場。

　　香港的五金業早在1920年代開始發展，當時不少來自廣州的廠家來港設廠，製造電筒、電池、熱水瓶和搪瓷等製品。1930年「香港新舊銅鐵行商會」成立，反映其時香港已有一定數量的五金廠房，這些工廠大都集中於大角咀、深水埗、旺角、西營盤等地。及至戰後，由於本港海域有大量沉船，香港的拆船業非常旺盛，這些沉船成為重要的鋼鐵來源，亦造就了本地煉鋼業的興起。另一方面，由於中國大量移民南來，人口暴增加上工業興起，令金屬需求大增，主要用於建屋及製造業。煉鋼廠需要大量海水冷卻鋼鐵，大都位

於海邊，例如捷和位於土瓜灣，紹榮則設於調景嶺。不過話雖如此，香港的煉鋼廠並未能滿足本地金屬原料的龐大需求，以至後者仍需從外地進口金屬原料。

配件廠方面，早期的金屬配件廠大多以山寨廠形式營運，故此廠房遍布各舊區唐樓或地舖，亦有部分設於工廠大廈。這些廠房大都只有少量電動啤機、車床、刨床等機器，並聘用少量員工，而人才大都是以師徒制的方式培訓。山寨廠的模式一直沿用至1980年代，高峰時全港的配件山寨廠多達6,000多間。

然而，1980年代亦是本地五金行業開始外移生產線的時期。由於政府自1970年代起加強衛生和消防條例，工業環境惡劣的五金廠房必須斥資改建，加上土地及勞工成本上漲，使不少廠房或外移或結業。與此同時，中國改革開放，一部分廠商便將生產線北移，它們初期只是採用補償貿易和來料加工模式，並未完全將生產線北移；但至1990年代，實力較雄厚的企業便開始在珠三角地區投資設廠，只在港保留行銷、會計、物流等部門。此外，值得留意的是，五金業是歷史悠久的工業，不少大廠於戰前創辦，到1960年代至1970年代已交由第二代接班。第二代接受過西式教育，掌握專業的工管和生產知識，接手後淡化公司的家族和籍貫色彩，同時致力產品和業務多元化，吸納高學歷的專才，將老式家族工廠逐步轉為現代企業模式管理。

綜合新視角

—

在傳統的工業視角中，各個製造行業都是專門的行業，以生產單一的製品為業。但是在今時今日香港的工業環境中，行業和產品之間的界限已經變得模糊了，我們發現在很多案例之中都出現了一種「跨界別」的現象：有一些是「行業之間的跨界別」，像傳統的熱水壺生產商，利用他們的品牌和特色，將原有的舊廠房改建成了酒店，由製造業涉足至服務業，但又兩者發揮相輔相成的效果；有一些公司則發揮了「產品上跨界別的創意」，利用傳統的五金生產技術，用作體育用品上，成為了一個全新的專利發明，並且為廠房帶來了新的零售業務契機；還有產品在「功能性上的跨界別」，如有公司在油漆傳統防潮裝修的功能外，加入了更多的想像，令油漆這種產品也可用來殺菌和淨化空氣。因此，這一個章節命名為綜合產品及服務，用以展示現時製造業界這種多元而富有彈性的一種生態。

個案研究 │ 一

注塑機生產商的成功之道

震雄集團

一間小型的機械廠
如何發展成為一間
全球注塑機生產企業？

震雄集團創始人蔣震於 1923 年出生在山東省菏澤，幼年失去雙親，又經歷戰亂，過著顛沛流離的生活。1949 年他隻身南下香港，到港後曾當過碼頭工人、紗廠雜工、礦山工人等。1956 年他經友人介紹進入香港飛機工程有限公司工作，從此他對機械產生強烈的興趣，也令他掌握了相當的機械維修技術，為其日後的事業發展奠定了堅實的基礎。

震雄的傳奇，始於蔣震在香港努力進取、自強不息的故事。1958 年，蔣震以省吃儉用積累下來的港幣 200 元資金毅然創立小作坊式的震雄機器廠。1966 年，震雄首創研發推出香港第一台十安士螺絲直射注塑機，榮獲香港中華廠商聯合會頒發「新出品」榮譽獎狀，打響了震雄注塑機的品牌，從此震雄注塑機源源不斷推出市場，逐步成為當今塑料機械行業的龍頭企業。

震雄品牌注塑機種類齊全，因應不同注塑領域的客戶而設計，震雄集團旗下擁有鎖模力由 20 噸微型精密注塑機至 6,500 噸超大型二板注塑機，射膠量由 18 克至 106,081 克，完全滿足各類型用家的需求，積極為廣大客戶創造更大的利潤空間，提高產品競爭優勢。震雄集團遍布全國及海外的辦事處和服務中心，時刻為廣大用戶提供最快捷及優質的服務，是注塑業界的最佳合作夥伴。

◉ │技術創新　品質領先

技術領先是震雄領跑注塑機市場的根本。在震雄開業後的 1959 年，蔣震就成功研製出香港首台雙色吹瓶機，生產製造出令港人留下美好集體回憶的雙色「西瓜波」。蔣震看到經過重慶的長江和其支流嘉陵江在交匯處中，清、濁兩江水在壓力平衡下匯合後顏色依然壁壘分明，受到其原理啟發而發明利用雙色吹塑機，把製造西瓜波的紅白兩色塑料清晰地呈現在產品上。

1998 年，震雄集團研發推出了注塑機節能省電裝置，並於 2001 年開始在震雄全系列產品中進行標準化配置，為客戶及國家節省多達 40% 的電能。現時震雄品牌注塑機節能水準已推出第三代產品，比傳統注塑機省電及省水達 80% 以上。

震雄集團一直非常注重科技的研發和創新，所生產的注塑機械產品一直處於大中華地區技術領先地位，並榮獲國內外多項殊榮。例如在 2007 年，「震雄 CH」品牌注塑機被中國質量監督檢驗檢疫總局評定為「中國名

TIMELINE

1958
在香港大磡村開設以機械維修為主業的「震雄」小型工廠

1959
首創雙色吹瓶機

1965
開發塑膠射出成型機的製造

1966
發明全球首部十安士螺絲直射注塑機

1980
於臺灣設立震雄機械廠股份有限公司

1986
於順德成立震德塑膠機械廠有限公司

1990
興建全港首間球墨鑄鐵廠

1991
震雄集團於香港聯合交易所上市

2000
佔地56萬平方米的深圳震雄工業園落成使用

2004
於波蘭華沙增設歐洲辦公室；研發推出 iChen System™ 車間聯網管理系統。

1958，震雄機械廠有限公司創立。

牌產品」；2018年再獲中國機械工業聯會評選為「改革開放40周年機械工業傑出產品」。集團屬下的多個企業連續多年被評為「高新技術企業」和「外商投資雙優企業」，成為客戶信心的保證。

震雄集團生產的品牌注塑機擁有國內外多項創新專利，製造技術水準不斷提升，在每個特定時期都有先進的機器供應市場。2007年推出了中國第一台真正二板式大型注塑機，現已形成了鎖模力由700噸至6,500噸全系列產品，多次刷新國產注塑機技術新紀錄，處於亞洲地區領先地位，並榮獲「2013香港工商業獎：機器及機械工具設計獎」和「2014、2016深圳企業創新紀錄——產品創新專案獎」。近年最新研發的MK6系列伺服驅動注塑機、全電動注塑機，性能超卓，推出市場後獲得廣大用戶的一致好評，都標誌著震雄注塑機的製造技術得到業界的充分肯定。

◉ |「精益生產」模式

為了進一步節省廠房空間和人力資源，提高生產效率，與國外注塑機行業競爭，震雄集團引進和推廣日本豐田「精益生產」模式，即使廠房面積不變，但產能卻提升三倍以上，箇中奧妙在於生產車間恰當的空間布局及先進的操作流程設計，使廠房空間和人力資源都得到最大化的發揮。

應用「精益生產」模式，將以往工廠車間裡車床一排、磨床一排、銑床一排的布局，改為根據具體生產流程的需要，把車床、磨床、銑床都放在同一區域，就像一個「裝配島」，零件一個接一個加工，上下工序之間幾乎沒有運輸過程，實現「一個流」

1966 年，震雄首創十安士螺絲直射注塑機。

生產模式。改變了過去流水線大批量生產時代，往往要湊足某個數量才能開工，每道加工工序機器分開，因此每個零部件加工完後，要運輸到下一個加工點才能繼續生產。「原來裝配一台200噸機器，員工要在流水線上來回走動約21公里，不僅浪費時間，還帶來佔用廠房面積大、搬運成本高等問題」，而現在採用的小批量生產，也就是震雄所倡議的精益生產原則，強調從原料到成品多個工序在一條小生產線上完成，減少工人等候和來回奔跑的時間，從而提高生產效率。

同時，精益生產還便於對車間生產計劃作出靈活安排。例如過去的生產模式往往要一批次同時生產幾十台注塑機，如果遇到客戶臨時加單，則只能在下一批次機器的生產計劃中加上，無法快速回應客戶的需求。但實行精益生產後，可以允許「插隊」生產，而不影響整體運作，保障了客戶和震雄雙方的利益。這種流程的靈活性也加快了出機效率，節省了倉儲空間和人力資源，幫助震雄實現由數年前完成100台生產機器需要一個月時間，到後來用十天便可完成100台注塑機的生產，再到如今用40分鐘就能完成一台機器的生產，生產效率已提升30%，但工廠佔地面積卻只需要原來的40%。

多年前，有客戶對時任震雄集團總裁蔣麗婉說：「要是我們一打開電腦，生產情況能一目了然就好了。」客戶的這番話，啟發了蔣麗婉考慮為客戶開發車間管理系統的思路。隨後震雄投入巨額研發資金，在日本設立研發組，聘請來自日本、德國等國際級專家進行電腦控制器的研究開發。經過三年多的努力，iChen車間聯網管理系統等新技術相繼問世，現在該系統已得到進一步的升級和提升。通過這套管理系統，客戶可以隨時隨地檢查到工廠每一台設備的生產情況。震雄在資訊化領域的持續開發，為客戶帶來更多方便，也使震雄再次成為引領全球注塑機發展的風向標，在注塑機技術和市場上取得領先優勢。

正如震雄集團願景：「以完美的品質和先進的科技為全球客戶創造最高價值，不斷創新，永遠走在注塑業的前方。」震雄集團憑藉著對技術突破、創新生產的永恆追求和不斷提升服務水準，繼續成就在注塑行業的領導地位。

綜合產品及服務行業 | Integrated Product & Service Industry

TAKEAWAY

技術創新

震雄集團以技術創新作為競爭力，不斷研發創新產品，諸多產品為行業首創，優先佔領市場，引領行業發展。

改革生產流程及布局，提高生產效率

震雄集團在 2006 年引進日本豐田的「精益生產」模式，提高了生產效率和大大提升了生產的靈活性，及時滿足客戶的需求。

研發智慧訊息系統，改進訊息管理

作為注塑機械行業的龍頭企業，在意識到客戶在有需要推行訊息化管理生產的需求後，即投入巨額資金研發資訊化的 iChen4.0 System 車間聯網管理系統，大大提升企業的競爭力。

小黃鴨
70年後再出發

得意創作

白手起家到

玩具元老經歷了

怎樣的奮鬥歷程?

70年前的產品

如何煥發新的品牌活力?

林亮的小黃鴨的原型是一隻大鴨拖著三隻小鴨，以聚苯乙烯為原料，顏色鮮艷，「一拖三」的家庭親情形象為戰爭時期家破人亡的人們帶來慰藉。

玩具生產商永和實業的創始人林亮是公認的香港玩具界元老，亦是香港第一代工業家之一。2014年，90歲的林亮重出江湖，創立了「得意創作有限公司」，以他最出名的作品小黃鴨為原型打造原創品牌。

◎｜小黃鴨的誕生

1924年出生的林亮成長於戰爭年代，生活充滿波折。1945年林亮來港務工，從棺材舖做起，之後選擇了在中區報攤工作，因為可以廣泛結識人脈。久而久之，林亮做起了「經紀」的角色，撮合不同客戶之間的不同需求，他的第一桶金便是撮合了保濟丸老闆李先生購得謝斐道的一棟物業，這個交易讓林亮賺到了港幣800元。敏銳的目光和「誠、信、勤」的精神為林亮成功賺取了第一桶金。

一次偶然的機會，他在雜誌上看到了「塑膠」這個詞，向來敏銳的林亮很快意識到塑膠行業的商機。1946年他辭去報攤工作，加入化工原料公司——香港的老字號源興行，不久他便向老闆提議兼營塑膠原料。1947年在林亮的建議和帶領下，源興行老闆投資設廠，成立「永新塑膠廠」。戰後初期玩具是奢侈品，當時大部分玩具都是日本製造，主要原料是賽璐珞（Celluloid Nitrate，一種合成樹脂的名稱），易燃易碎，非常危險。林

TIMELINE

1924
林亮出生於香港

1947
加入從事塑膠原料生意的源興行

1948
陸續創辦利民塑膠廠、力行塑膠廠、福和製品和美麗有限公司。

1960
創辦永和實業有限公司，為歐美市場生產玩具。

1960
開拓生產汽車用品業務

1970
全面拓張代工生產業務

1979
生產線北移，先後在東莞、南海和連州開廠。

1988
在內地推出孩之寶（Hasbro）的變形金剛玩具。

2014
林亮第二次創業，成立得意創作有限公司。

亮不滿足於只生產日用品，更希望戰後的孩子可以有安全便宜的玩具，於是他向老闆出謀獻策，提出做塑膠玩具。1948年，林亮從塑膠機中壓鑄出了永新的第一批玩具，也是第一批港產塑膠玩具，更是玩具業原創設計（ODM）的始祖。它的原型為一隻大鴨拖著三隻小鴨，以聚苯乙烯為原料，質地堅韌，顏色鮮艷，又不易燃。「一拖三」的家庭親情形象，為戰爭時期家破人亡的人們帶來慰藉，艷麗的黃色又為戰後千瘡百孔的灰暗增添了色彩，一推出市場便大受歡迎，竟然取代了當時日本人用賽璐珞原料所造的玩具鴨，一舉擊敗了稱霸行業多年的玩具強國，從此帶領香港玩具業走進歷史的新紀元。

自此，林亮一邊替人打工，一邊自己當老闆。1952年，林亮與人合資開辦力行塑膠廠，1955年林亮獨自開設福和製品公司，1960年再與永新合併，成為今天的永和實業。當時替外國人加工（OEM）的業務開始盛行。1978年中國改革開放，林亮來到東莞成立了玩具廠，從25個工人起步，不到三年業務已非常成功。1987年林亮說服世界著名玩具商「孩之寶」（Hasbro）獨家引進並生產變形金剛玩具，1988年正式在內地推出，大受歡迎，取得空前成功，於是林亮被譽為「變形金剛之父」。此外林亮還生產著名的《星球大戰》、Hello Kitty等玩具。如今，永和實業和世界眾多玩具廠商都有合作關係，在東莞、南海、連州，甚至泰國皆有設廠。

「經典鴨」（LT Duck）重新推出後亦有平面卡通形象產生，緊隨當代潮流，全方位打造名牌形象。

得意創作與周大福合作推出「周大福 X LT 經典鴨系列」，以活潑可愛的小黃鴨造型，製作成精美項鏈、耳環及吊墜。

◉｜小黃鴨的再生

2011年香港玩具業界籌備推出一本關於香港玩具歷史的圖書《玩具港》（Toy Town），在新聞發布會上，林亮按照當年的小黃鴨復刻了一批送給當天的嘉賓，原意只是希望提醒大家香港玩具業是一點一滴經營而來的，沒想到迴響很大，於是九旬高齡的林亮決定將這隻小黃鴨注入更多新元素，重新推出市場，並為此成立了新公司得意創作有限公司（Funderful Creations Litmited），重新在小黃鴨的基礎上設計，調整其眼睛和身形，使小黃鴨的卡通形象更符合當代潮流。經過再創造後的「小黃鴨」被定名為「經典鴨」（LT Duck），L.T.正是林亮本人英文名的簡稱。

本港玩具廠商近年仍以原件製造（OEM）為主要業務，這次重新創業林亮想挑戰難度，打造品牌，拓展授權生意。然而過去幾十年的經驗都是以來料加工OEM為主，林亮和永和公司都未做過品牌，著實辛苦。幸好在他人介紹下找到臺灣設計策劃團隊，從品牌、宗旨、標誌策劃、圖形標準、專案進度和時間編排各個方面，指導小黃鴨的品牌發展計劃。2015年，小黃鴨正式進駐香港貿發局屬下的設計廊，作為本地原創品牌對外展示。小黃鴨成功穿越時空，被賦予品牌活力，而林亮也正式進入了新的領域。

除了推出經典鴨玩具以外，得意創作還通過品牌授權與各行各業合作。林亮說，「其實工業轉型，不一定只做本業產品，像我們推出經典鴨，便與不同行業及企業合作推出不同類型的產品。」例如和高級腕錶品牌萬希泉合作推出「經典鴨陀飛輪腕錶」，與「富豪飯堂」福臨門以聯營與授權模式，提供經典鴨主題飲食相關產品，更開經典鴨主題Cafe，主攻

年輕人市場。授權模式加跨界別合作，林亮找到了新的方法來打造「小黃鴨」這經典品牌。

「小黃鴨」不只是玩具這麼簡單。林亮說，「我透過這隻鴨仔，希望帶出兩個目的，首先是透過鴨仔本身訴說自己的故事，帶出做人不要怕艱難、要敢於拼搏，簡單講是希望大家了解『獅子山下』精神，像我當年那樣『三無』的人怎樣去拼搏，怎樣不怕艱難，怎樣去思索，怎樣去找尋門路；第二個目的，就是希望將鴨仔橫向衍生更多商品，衍生到各種各樣商品，賺取利潤後，將部分收益回饋社會。」

林亮投身玩具70年，歷經時代變遷，見證了香港工業發展。90歲的林亮再出發，又一次用小黃鴨為香港玩具業刷新了里程碑，用不斷拼搏的勇敢精神，推動曾是世界工廠的香港向創意工廠轉變。

TAKEAWAY

把握市場需求
—

從做塑膠到做玩具，再到內地開廠，林亮對市場需求和行業發展保持高度敏感，並快速大膽的付諸實踐。

戰後初期玩具是奢侈品，當時大部分玩具是日本製造，主要原料是賽璐珞，易燃易碎，非常危險。林亮於是提出做塑膠玩具。1948 年，林亮從塑膠機中壓鑄出了永新的第一批玩具小黃鴨，成為第一批港產塑膠玩具，一推出市場便大受歡迎，取代了玩具強國日本用賽璐珞原料所造的玩具鴨。

從代工生產向原創品牌轉型
—

本港玩具廠商近年仍以原件製造為主要業務，九旬的林亮成立新公司，重新設計和推出小黃鴨，打造品牌，拓展授權生意。

帶給人童年回憶的小黃鴨被再次推出時，通過專業設計師和策劃團隊，發展品牌，翻新形象，貼合當下潮流。同時走出賣玩具的固有思路，突出品牌效應，與不同行業通過授權合作，推出一系列產品和服務。例如和高級腕錶品牌萬希泉合作推出「經典鴨陀飛輪腕錶」等。

做事先做人
—

作為第一代香港工業家的代表，林亮的座右銘是「誠、信、勤」。就是憑著謙虛、勤奮、誠信的精神，林亮從零開始一點一滴建立起自己的玩具王國。

1962 年孩之寶想找香港玩具廠代工生產 G.I. JOE，經工商署介紹找到林亮，但林亮有自知之明，覺得自己廠房規模不夠大，主動提出不接這張巨額訂單，寧願介紹可靠的行家給對方，對方也回判公仔衫給他做。林亮認為，成功從沒有捷徑，只有憑著「誠、信、勤」才可打動合作夥伴，讓生意越做越大。

以全面的產品線和新科技研發統領漆油市場

中華製漆

怎樣調整生產線，

配合市場現況與需要？

如何為漆油

這種生命周期短的

產品做研發？

中華製漆早年於香港設廠，曾幾度搬遷廠址。

中華製漆由林堃和林安於 1932 年所創立，早年扎根於香港，在本地漆油市場中獨佔鰲頭，第二代林定波（Paul）在 1970 年代回到公司幫忙，並從外國引入很多漆油技術。中華製漆在 1990 年代將生產線和目標市場轉移到內地，另闢了一番新事業。

◉｜建立品牌針對不同用戶市場

漆油在香港是一個歷史悠久的製造行業，林堃與林安與親人集資創立中華製漆，在1934年由青山道搬入旺角鴉蘭街廠房，在家庭式的工房中進行生產，廠房樓高三層，地下是生產線，二樓是辦公室和貯藏室，三樓則是林堃一家居住的地方，後來煮油的工序危險，便把這個工序搬到了大角咀的一處空地。廠房最初期只有六名員工和一部機器，男工負責煮油生產，女工則負責包裝產品。但林堃在美國布魯克林普拉特學院修讀，是受過教育的專業人士，有一定的技術水平，廠房初期以生產鐵器漆和木器漆為主，每月的總產量也可達65,000公斤。

1932

林堃和林安於青山道成立「中華製漆有限公司」，創立著名的「菊花牌」漆油。

1934

搬入旺角鴉蘭街廠房

1970

林定波（Paul）代表中華製漆在威廉公司當技術員，學成回到香港公司幫忙。

1976

成立科技發展部

1991

更名為北海集團有限公司，同年在港交所主板上市。

1993

廠房全面從香港遷往內地

2002

設立家裝塗料配色調色服務的中心

中華製漆早於1930年代已經開始製造和售賣自己品牌的產品。香港買漆油的客戶大概可分為業餘用家和專業用家，中華製漆根據市場上的情況，推出家用的品牌：1932年創立了著名的「菊花牌」，集中讓業餘用家裝修家居之用；1938年創立了「長頸鹿牌」，主要針對判頭和裝修師傅等專業用戶所用的木器漆、力架等；1983年創立了「玩具牌」，供應無毒的工業用漆，廣泛應用在玩具、電子和電器等產品。這三條品牌線成為了中華製漆的重要業務。由於漆油本身是一種非常專門的產品，不同的材料和表面需要用到的漆油都不一樣。以牆漆為例，最常見的是乳膠漆，因為乳膠漆透氣性高，不容易引起火災，而且耐用性高，容易調配出各種顏色，掃上牆身後風乾甚為迅速，十分適合用來裝修內牆和保護牆壁。除了乳膠漆，還有光漆和磁漆等不同功能的牆漆可以選擇。所以中華製漆會專注以「菊花牌」品牌推出牆漆系列和產品，至今該系列的產品眾多，既有菊花牌抗甲醛淨味內牆乳膠漆、內牆乳膠漆、雅麗乳膠漆和特級雅麗乳膠漆四款乳膠漆，亦有菊花牌特級膠玉磁漆、易塗麗水性磁漆等不同功能的牆漆，務求命中不同消費者的需要。中華製漆以品牌界定不同的市場，各自集中發展，有效地擴展他們的業務。

除此之外，Paul形容油漆是一種壽命十分短暫的產品：「這個行業有一個奇怪之處——產品的壽命不長，有的甚至捱不過一年。」而他們的策略就是持續推出新產品，以菊花牌為例，已經有超過100種產品，並要在菊花牌核心的漆油產品外，推出其他種類的商品，近年有菊花牌牆霉救星、菊花牌除霉勇士、菊花牌漂白勇士、菊花牌玻璃勇士等等家居清潔的產品，為消費者帶來新鮮感，吸引顧客回頭。

銷售方面，Paul認為口碑宣傳和貴合本地的人銷售網絡是成功的要素。在1960年代，零售客戶主要在五金舖中購買油漆用品，中華製漆的職員與代理推著木頭車向五金舖兜售產品和讓他們試用，又拿著十多種顏色的色卡以洗樓形式銷售，曾經錄得全港超過96%的五金舖都有售賣中華製漆的產品。近年大型百貨店成為市民購買日用品的地方，於是中華製漆也進軍超級市場，例如在實惠可以找到

菊花牌的產品。工業漆的客戶則會直接向中華製漆下單，有時候下訂量甚大，甚至要派遣技術人員長駐客戶的工廠提供技術支援。

在搭建銷售網絡，Paul認為還要在公眾層面推銷產品，例如1974年與歌手鍾玲玲合作，在電視上播出〈菊花歌〉廣告，配合電臺的宣傳，歌詞「菊花牌乳膠漆，顏色仲靚啦，日曬雨淋水洗都不變，樓房內外都適用」紅極一時，家家戶戶皆朗朗上口。近年再推出新〈菊花歌〉，歌詞說到「菊花菊花人人都愛他，油油更靚啦」，在火車電視和臺媒體也有播出，再次吸引市民的注意。這些努力讓中華製漆佔香港油漆市場近30%，當中三大品牌佔近60%的收入。

◉ | 漆油產品和技術研發革新

Paul畢業於美國柏克萊加州大學化學系後，在外國工作過七年，投身特種氣體行業，以有毒的特別氣體製作晶片以取代原子粒電路板，雖然他沒有直接接觸油漆製造，但一直在科研環境中接受訓練。1970年代中，他決定回到中華製漆協助家族生意，那時剛好與美國專業塗料公司Sherwin Williams簽訂了為期十年的技術合作協議，中華製漆可以利用這間公司的技術和品牌生產油漆，故Paul那時在Sherwin Williams擔任了九個月的技術員，學習關於油漆生產的知識，其後便回到了香港。初期他擔任行政的工作，後在1976年成立了專門的科技發展部，由他領頭自行研發和改良漆油技術及產品。

引入外國的技術是中華製漆的其中一個重要策略。外國的研發步伐開始得比較早，而且各方面的配備和技術完善，所以Paul與國外制漆公司簽署了為數不少的技術合作、支援協定。例如在1989年從英國Goodlass Wall（現名Jotun Goodlass）取得貨櫃油漆技術；1993年從紐西蘭Resene引進水性乳膠漆配色系統、膠玉磁漆配色系統及水性磁漆生產技術；2009年從美國Dow Coating Materials引進水性道路標緞漆新技術，用以研發出「菊花牌水性馬路漆」等等。這些合作協議為中華製漆帶來了開發新產品的必要知識和技術，相比利用自己團隊的循序漸進去研發，這樣可以使公司以更快的步伐前進。

然而，對於研發的過程，Paul強調配合並不是全部：「生產漆油不能只依靠配方，還要因應客人的要求改善質素，我們的化學師需要不斷嘗試不同的漆油原料組合，以配合不同物質的表面特性。化學師在成功生產一種塗料後，會在不影響核心功能的情況下，去嘗試減低生產的成本和混合不同的顏色。」油漆的研發是一個反覆試驗的過程，需要在各種可能的配

方中摸索，並在失敗的實驗中尋找調節的方向，所以中華製漆對化學師的要求十分嚴格，需要持大學學位及接受過化學訓練，現時不少公司中的在職化學師都已經工作超過了十年。

在研發的過程中，漆油由傳統的保護塗層、裝飾等作用中有所突破，現時中華製漆擁有十多項研發的專利，例如夷低氣味的磁漆和硝基漆，亦研發了具有抗解甲醛、殺菌和釋放負離子淨化空氣的塗料。這些研發讓漆油超越了其原有的功能，創造了一種全新的產品，為漆油業務注入了新的動力。

◉ | 果斷轉移生產線和捕捉市場機遇

自1981年起，中華製漆已在深圳的南頭和西鄉設置了加工廠，進行一些危險品的生產工序與貯儲。在1993年，Paul毅然決定將全港的生產線北移到深圳的沙井，原來位於西貢的生產機器全部遷往新的廠房。這是一個大膽的做法，因為在廠房搬到內地之前，其產品在香港的銷量佔總銷售額的99%，即是要將生產線搬離原本熟悉和核心的市場。

這個艱難的決定背後，Paul的考慮是油漆產品的本質，其實是一種輔助性的工業產品，需要跟隨產業鏈移動，才能夠保障到公司的業務。這個考慮事後證實是正確的，中華製漆建築漆油的客戶，主要都是做建築材料

中華製漆將生產線北移，在內地設廠。

中華製漆三大品牌：菊花牌、長頸鹿牌和玩具牌。

的上油工序，可是隨著工業北移，這些建築材料的生產和處理都已經搬上了深圳，客人下訂單在深圳採購材料的時候，自然也會要求在深圳完成上漆的工序，然後才將上色後的建材運回香港。正因為Paul的這個決定，讓中華製漆在工業北移變化的時局中，仍然能夠保持原有的業務，而且將市場定位放在內地，銷量也隨之增加了十倍；北上的決定，可謂充分掌握到內地市場的機遇。

回到內地初期，他們產品的生產方針稍有改變：「以前中華製漆像精品店，產品量少，度身訂造，純利高；而後來中華製漆需要配合內地市場，大量生產以減低成本，提高競爭力，市場策略有所改變。」但近年，隨著內地的生活水平和物質要求提高，中華製漆漸漸在產品路線上再作調

整，在2000年起開始在不同社區設置「家裝塗料色彩服務中」，消費者可以前往中心，親自在600多款顏色中自由配色，中心還扮演個性化消費的專業諮詢中心，幫助用戶選擇適用、適量的塗料產品和完善的施工工藝，重新在中高端產品的方向再發展。

然而，Paul表示雖然他們在香港算是老大哥，但在內地的名氣並沒有這麼高，依靠三大品牌打響名堂之餘，還要繼續努力。中華製漆的集團去年還面對主要市場需求疲弱、價格性競爭和原材料成本飆升的挑戰，但毛利率仍然保持在24.5%的水平。

TAKEAWAY

以「三大品牌」針對不同市場的需要

漆油市場可大致分為專業用家與業餘用家兩種，而在不同的材料和表面都需要使用不同的油漆，以此中華製漆創建了三大品牌——「菊花牌」、「長頸鹿牌」和「玩具牌」，針對市場上的不同需要。

「菊花牌」是集中讓業餘用家裝修家居之用，「長頸鹿牌」主要針對判頭和裝修師傅等專業用戶所用的木器漆、力架等，「玩具牌」供應無毒的工業用漆，廣泛應用在玩具、電子和電器等產品，如此涵蓋了市場上對漆油產品的需求。並且以口碑宣傳配合銷售網絡，拍出了〈菊花歌〉等膾炙人口的電視廣告，在全港 96% 的五金店都能買到菊花牌的產品。

引進外國技術加快公司產品的研發

Paul 與多間國際企業簽訂技術合作協議，將外國公司所擁有的生產技術引入中華製漆，以此協助公司內產品研發的步伐和補充所需要的知識，再配合公司內化學師的實驗嘗試，做出最具成本效益的產品。

例如 2009 年從美國 Dow Coating Materials 引進水性道路標緻漆新技術，用以研發出「菊花牌水性馬路漆」。但 Paul 強調配方並非一切，還要經過化學師反覆的試驗，找出配合不同原料表面的塗層，以及在不影響核心功能的情況下，去嘗試減低生產的成本。

果斷調整生產線和業務核心，迎合工業環境的變遷

雖然中華製漆早年已建立自己的品牌，直接面對零售客戶，但油漆作為一種工具性產品，需要配合其他行業的需要，反而更接近輔助性產品，所以業務的發展要緊密地配合市場的變化，才能在市場中生存及發展。Paul 在 1993 年果斷地將廠房和銷售市場都轉移到內地，令公司在工業北移的時期中更持續擴展。

中華製漆本來設廠於觀塘及西貢，以香港為主要的市場，但工業北移後，客戶訂購的工業原料生產廠集中在內地，自然訂購油漆和上油的工序也會在內地進行，因此 Paul 將全部生產線北移，既接近了客戶，又有效地節省了運輸成本，產品的研發路線也以吻合內地市場需要為主，銷售量比起在香港的時候增加了十倍。

個案研究 ｜ 四

從螺絲廠變身為飛鏢品牌

飛鏢工房

怎樣創造具新意
又符合市場需要的產品？

如何利用核心技術，
發展新產品與品牌？

PAÜBA 是飛鏢工房自行研發，專為飛鏢運動而設的運動手錶，除了一般運動手錶的功能，還可以記錄每一個投擲動作的角度、力度及速度數據，幫助用家記錄及改善投擲的手法。

飛鏢工房（The Darts Factory Limited）是誠興集團衍生出來的新晉品牌，由集團第二代徐詠琳（Jennifer）於 2015 年所創立，利用原有廠房的生產線，演化成一個全新的產品，由螺絲的傳統業務擴展至直接接觸消費者的零售業務，並且持續提出創新的飛鏢產品和意念，帶動潮流。

◉ ｜ 擔上家族生意，大刀闊斧改革企業管治

誠興行是一間有超過40年的螺絲製造企業，Jennifer的父親徐炳光（Edward）享有「螺絲大王」的稱號，他在1969年中學畢業後，開始在一家螺絲公司擔任營業代表，從中吸收螺絲貿易的經驗，並於1977年正式成立誠興行實業有限公司。初期的業務以貿易為主，向供應商銷售螺絲，後來生意越趨穩定。但Edward對業務受制於供應商並不滿意，也發現客戶對產品要求越來越高，故此改進業務，所以在1987年購置一間工廠，代工生產玩具、電子、汽車、航天用的高科技螺絲予歐美國家。

1990年代，誠興行再擴展，乘內地改革開發的勢頭，誠興行將生產線北移，於1993年在東莞成立了五金製品廠，其後進一步完善生產線，再成立精密零件廠、電鍍廠和熱處理廠房，亦建立了專門做模具的團隊，能自行設計和生產各種所需要的模具和夾具。螺絲廠內有500多台機器，由日本引進了多沖程打頭機、高速搓牙機等等先進器械。如此一來，誠興建立了一個整全的生產集團，先後取得ISO9002、QS9000等多個認證，每月生產的螺絲超過10,000種，數量超過三億件，並為客戶提供一條龍服務，由製模、生產加工、包裝、出貨到監控的程序一應俱全。美國和中國市場佔

TIMELINE

1977

徐炳光（Edward）創立
誠興行實業有限公司

1993

在東莞購置了廠房

2009

徐詠琳（Jennifer）加入
公司，開始整頓公司管理

2013

Jennifer 正式接掌生意

2013-14

尋找可行發展品牌的方
向，研發飛鏢產品。

2015

創立飛鏢工房有限公司

2018

飛鏢工房有限公司全面獨
立運作；Jennifer離開誠興
集團，全力營運飛鏢公司。

飛鏢工房在社區中參與大大小小的
展覽及活動，積極推動社會對飛鏢
的認識，減少市民視飛鏢為酒吧遊
戲的偏見，提升其作為一種運動的
定位，及讓更多人享受飛鏢的樂趣。

了誠興六成的業務，產品平均分配在體育、電子、汽車等
不同領域，客戶包括了IBM、Nike、飛利浦、福特汽車這些
國際的知名品牌，可見誠興本身是一個技術、生產線和市
場都十分完整和成熟的集團。

當Jennifer在2009年加入公司的時候，繼承了一個歷
史基業雄厚的企業，但同時也要面對這個大集團所面對的
困難。Jennifer在美國藝術中心設計學院修讀汽車設計，
畢業後本在豐田汽車比利時的總部擔任設計師，但誠興在
2008年受到國際金融海嘯的影響，出現了重大危機，她亦
在這個時期回到了父親的集團，協助重整家業，改革了企
業的管理文化。

Jennifer形容兩代人之間溝通和處事之間的差異：「父
親六成講人情，四成講規矩；我八成法治，兩成人情。」
Edward保留了上一代做生意的方式，就是講究交情和人際
關係，以人情味來維繫公司。他在1990年代末經歷過與合
作夥伴失利後，決定將廠房的更多重任交託給親屬幫忙，
前後找來了弟弟等人擔任要職。然而，以家族式的方式去
營運一個龐大的生產集團，雖然可以營造團隊緊密和諧的
關係，但卻會面對決策與流程監管上的困難。曾有管理層
走私70噸銅料，事發被海關扣留及搜查廠房，公司罰款和
補稅耗用了超過200萬，而且企業評級被降到C級，其後更
發現這些管理層在暗地招攬誠興的客戶。營運部門中也有
人乘機斂財，Jennifer發現採購部的同事報價11萬多元購買

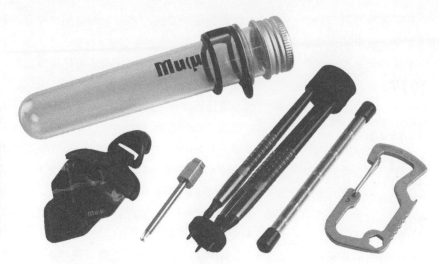

由飛鏢工房自行研發的飛鏢，可以扭上砝碼螺絲改變飛鏢的重量，以遷就用家的體形和投擲習慣，這個產品的獨特設計取得了發明專利。

一部只需八萬元的機械，然後在同僚之間分錢。在這些情況下，雖然誠興擁有出色的技術和生產線，但內部的財務和人事使公司面臨很大的問題。父女兩人經過多番的爭執，Jennifer更一度離開公司，但最後二人達成共識，Edward將管理權和部分股權轉移給Jennifer，於是她在2013年正式執掌誠興。

上任後，她以企業化的方式去管理公司，立刻開除了以權謀私的職員，然後開始著手提升工廠的成本效益，透過簡化流程、削減重複的架構避免崗位重疊，以及逐漸採用自動化生產工序去節省人手，引入企業資源計劃系統，以此取替700個工作崗位，團隊由高峰期1,100人減至2018年的400人，保留下來的員工七成負責生產和品質監控、三成負責管理和銷售。論及削減人手的方法，Jennifer表示：「是將五個人的工作交給三個人去做，但就出四個人的工資，變相每人的工作量大了，然後以有限度的工資增幅來彌補及鼓勵。」經過這些努力後，成功整頓了誠興的系統，節省人力和財務資源，並且在波折中順利地進行了世代交接，然而內部的危機過去後，外面市場的困難仍然存在。

◉ | **尋索品牌意念之路**

螺絲生意的經營成本不斷上升，但是毛利卻愈發下降，這個趨勢難以扭轉。對於代工廠來說，每張訂單的數量是十分重要的，在20年前，一張十萬枚螺絲的訂單是家常便飯，但現在一些客戶只要求訂購2,000至3,000枚螺絲，這在計算生產成本後基本上是不可能的，因為誠興每次訂

購材料都動輒以噸計算，不可能只訂幾十公斤，但是不接受這些客戶的訂單，又做少了一單生意。甚至有一次，Jennifer因未能按時交貨，為向日本客戶代表交代，剃光頭髮謝罪，可見經營苦況，不足為外人道。在十字路徘徊之際，Jennifer認為發展核心的螺絲業務外，還需要建立自家的品牌，做出直接面對用家的產品，這樣可以避免處於市場被動的位置及利錢被分薄。

在摸索品牌可能性的過程中，Jennifer在香港和內地共聘請了五名電子工程師，他們曾嘗試研究和開發過兩個電子產品項目，但在衡量過成本和市場空間之後，最後並沒有推出。直至有一次，有一名朋友鼓勵她試玩飛鏢，她玩過幾次後十分著迷，在充分認識這個運動的原理和玩法後，她發現飛鏢的潛力所在，決定這是他們要嘗試做品牌的方法，在2015年以此成立了飛鏢工房。

◉ | 設計和研發專利飛鏢產品

Jennifer選擇以飛鏢作為其品牌產品，因為她發現飛鏢潛在的、可突破的地方，而且螺絲與飛鏢的設計生產間有很多共通點。原來飛鏢是一個非常個性化的運動用品，用家的身材、身高、肩膀長短和擲法的不同；飛鏢桿雖有重量之分，但不同身形、氣力和投射習慣的人所用的飛鏢重量都不一樣，用家須更換鏢桿去改變重量，但鏢桿價錢十分昂貴。這啟發了她去研發能調較重量的飛鏢，過程中她發現做鏢桿的技術與誠興擅長的五金零件互通，於是以此作為研發的方向。

那時候，其實市場上已經有調重飛鏢，但普遍有一個問題：這些產品的設計基本是加長飛鏢的尾部，或在飛鏢內加入鋼珠，但是加長尾部會改變飛鏢的流線外形，加入的鋼珠會在飛行過程中滾動，兩者都會影響投擲的手感和表現，因此並不受市場歡迎。但Jennifer和她的團隊發揮創意，將砝碼造成螺絲的形狀，用家可以用扭螺絲的方法，將砝碼固定在鏢筒之內，最多可承載五個砝碼，調節重量在15至18克之間。透過這個簡單的創意，Jennifer解決了調重和影響投擲表現的問題，注冊成為了專利技術，命名為「Mu(μ) Darts」。這成為了飛鏢工房的核心產品，Jennifer之後與其十人團隊圍繞飛鏢開發了一系列周邊產品，配搭飛鏢產品推出市場。

飛鏢運動中，鏢靶是另一個重要的環節。Jennifer思考這個產品的時候，考慮到「我自己比較怕悶，喜歡一班人一起玩樂，想要身處香港也能與世界各地的朋友一起玩，這成為了我創作時候的方向。」由此，Jennifer將飛鏢結合了科技和電玩的元素，研發了一款可攜帶和更換方框的鏢靶

飛鏢工房希望將飛鏢運動結合電玩潮流，這個鏢靶可以通過手機應用程式「Guz World」進行自動計分及連接全世界的玩家，將飛鏢變成一個多人網絡對戰的運動遊戲。

「Guz Board」，這個鏢靶可以通過手機應用程式「Guz World」，進行自動計分及連接全世界的玩家，將飛鏢升級成了一個網絡對戰的產品，為飛鏢市場帶來了一股新意。Jennifer亦從玩家的角度，研發了飛鏢專用的智能手帶「PAÜBA」。不論是新手和老手，飛鏢的玩家和運動員都要花很多時間調節自己的姿勢、投擲角度和力度等，但是飛鏢是十分個人化的運動，難以劃一而論。因此飛鏢工房推出的這個手帶，除了普通智能運動手錶的功能外，還可以記錄每一個投擲動作的角度、力度及速度數據，以此幫助用家練習，去找出適合自己的姿勢。

◉ ｜為飛鏢開拓更廣泛的市場

研發了這一系列創新及針對用者痛點的產品後，Jennifer將原型帶到美國拉斯維加斯消費電子產品展中展出，受到多間外國媒體的關注，更獲邀參與德國的玩具展，而他們也在調整過產品外觀後，正式在香港推出市場。

但Jennifer不滿足於市場對於飛鏢的定型，很多消費者將飛鏢與酒吧及不正當的娛樂場所劃上等號，而且飛鏢縱然有很多自我訓練和競賽的元素，但並不被普羅大眾視為一項運動。而現實環境亦是障礙，大部分酒吧的飛鏢機都已經被日本Dartslive和韓國Phoenix兩大品牌佔據了，因此飛鏢工房要向家庭用戶市場發展，並積極推廣飛鏢作為一種普及運動的正面形象。他們在周末時候於行人專用區擺放攤位，積極參與一連串的展覽及活動，如動漫節、電子展和運動博覽等，讓普通市民可在酒吧外的環境接觸飛鏢，現場有教練教導正確姿勢和玩法，讓路過的行人也可以親身體驗飛鏢的樂趣。飛鏢工房最成功的一步是將飛鏢教育帶到中小學之中，現在STEM教育是潮流的重點，即是學生要應結合科學（Science）、技術（Technology）、工程（Engineering）及數學（Mathematics）的視野，以跨學科的觀點思考，正好飛鏢練習的過程要應用拋物線理論和力度角度算式運算，還可以訓練手眼協調和專注力。由此，飛鏢工房成立了教學小隊，在超過100間學校、機構、社區中心提供飛鏢訓練班，這方面的業務

佔了公司收入三分之一，並且成功將飛鏢產品推廣予家庭客戶。

2018年Jennifer離開誠興集團，全力營運飛鏢公司。飛鏢工房開始全面獨立運作，首先在誠品太古店簽約半年，開設實體店，用以收集消費者的心聲，除了售賣自家產品外，亦有代理韓國品牌。現時，可在Muudart的網店、亞馬遜等平臺購買到飛鏢工房的產品。飛鏢工房推出越來越多的系列，在首兩年賣出了3,000多套產品，可展望過去幾年努力的成果，可為日後品牌帶來收成。

2019年，他們繼續推廣飛鏢作為普及運動，在觀塘成立了「飛鏢學堂」（TDF Academy）飛鏢教育中心，為不同年齡的消費者提供訓練班或一對一指導。現時他們還贊助了四位外國選手、本地選手和本地飛鏢隊伍，以此表現飛鏢工房對職業飛鏢運動員的支持，而這些運動員會代表公司參與比賽，藉此去宣傳飛鏢工房。

TAKEAWAY

大刀闊斧改革企業管治

Edward 擁有上一代工業家著重人情味的特質，重視廠內的人際關係和倚重親屬管理公司，Jennifer 加入後，將表現不合格的員工開除，裁減冗員，提高公司效率。

在 Jennifer 加入前的十年，出現了公司的管理層或職員利用職權去走私貨品、從採購中圖利及搶走客人，Jennifer 不論親戚關係，凡違反公司守則的員工皆以開除，安排引入企業資源計劃系統和自動化生產設備，逐漸削減員工人數，由 2008 年的 1,200 人減至 2016 年的 500 人，大幅提升成本效益。

以現有技術做基礎，找出市場痛點研發出新產品

Jennifer 想將誠興帶往發展品牌的方向，最終她選擇了飛鏢，因為與五金螺絲的核心技術互通，並且用此解決了市場上現有飛鏢產品的問題，成為了一個具有競爭力的新產品。

飛鏢是一種個人化的產品，因應每個人體質的不同需要，飛鏢的重量都不同，而市面上流通的調重飛鏢質素不高。Jennifer 理解這些痛點，將加重砝碼製成螺絲狀，再扭進鏢筒之中，獲得了專利，再配合電子鏢靶、應用程式和手帶，發展出一個完整的產品組合。

重新塑造飛鏢在市場中的形象

飛鏢普遍被視為酒吧的玩意，很多消費者與家長會將飛鏢視為不正經的玩意，另一邊廂韓國與日本的品牌已經搶佔了大部分酒吧的飛鏢生意，在這個環境之中，飛鏢工房決定瞄準家庭用戶，並且推廣飛鏢為普及運動。

飛鏢工房在酒吧和娛樂場所以外，於旺角行人區設立試玩區，並在超過 100 間學校設立飛鏢訓練班，從下一代中培養飛鏢愛好者，並以正規訓練傳遞飛鏢作為正規運動的信息。

個案研究 | 五

玩具二代開啟商業新模式

亞洲動畫多媒體有限公司

亞洲動畫本地傳統玩具製造商

為何走上動畫之路？

從推動上一代生意到

成就新的發展領域是

怎樣的轉變？

錢氏玩具結合亞洲動畫出品的動畫，推出動畫主題的玩具，如「World Peacekeepers」，大受歡迎。

亞洲動畫多媒體有限公司 CEO 錢國棟的父親錢耀棠於 1979 年創立了錢氏玩具中心有限公司，錢氏玩具早年北上東莞投資設廠，一直以來從事玩具生產和貿易。

◉ | 捉緊時機　開拓新產品

　　錢氏玩具早期生產的玩具全部都是以女仔為主要對象，1998年錢耀棠開始做給男仔玩的玩具，以士兵玩偶為主。當時錢國棟還在澳洲修讀電腦電子機械工程，雖然所學與玩具設計無關，但錢國棟自小愛創造愛藝術愛玩具，於是從1998年即幫父親公司畫圖設計玩具。為了更好的設計玩具，他研究可動人偶（action figure）的全球文化，發展自己的玩具粉絲俱樂部（fans club），通過粉絲群的互動了解玩家的真實需求，並不斷改進和增加產品類別。2000年錢國棟畢業後正式加入公司，專注大力發展男仔兵人玩具，並同時更新女仔玩具。

　　錢國棟返港第二年發生了震驚全球的美國「911」事件，錢氏玩具的兵人玩具從此大賣，當時收到的第一張大的訂單就是美國的消防員玩具，之後四、五年裡隨著美國出兵阿富汗等軍事行動，士兵玩具銷售異常火

TIMELINE

1979

錢氏玩具中心有限公司由錢耀棠先生於香港成立

2000

錢耀棠之子錢國棟學成回公司,在原有的少女玩具之外,開闢多個男孩玩具系列。

2001

美國「911事件」帶來的機遇,推出了軍人玩偶「World Peacekeepers」。

2002

成立亞洲動畫多媒體有限公司

2005

深圳市方塊動漫畫文化發展有限公司於深圳市福田區成立

2005

成功改編蔡志忠漫畫《五子說》、王澤《老夫子》,並推出動畫。

2006

成功改編香港藝人薛家燕《家燕媽媽》,並推出動畫。

2007

與解放軍八一電影製片廠合作發行根據紅色經典電影改編的動畫電影《閃閃的紅星》,由林超賢執導。

2008

改編著名漫畫《風雲決》,並推出動畫電影。

2009

推出動畫產銷售《正義紅師》軍旅系列玩具

2010

推出動畫《超智能足球GGO》

2011

推出原創古裝宮廷風少女題材動畫《甜心格格》

2012

推出動畫《甜心格格》第二季

2014

推出動畫《正義紅師》

2016

推出動畫《甜心格格》第三季

2018

推出動畫《超智能足球GGO》第二季及《甜心格格》第四季

2019

推出動畫《甜心格格》第五季

爆。於是1998年開始創作的玩具在2001年開始不斷出口,並且發展出不同的產品線例如1比6和1比18的不同比例的軍事玩具。錢氏玩具還開創性的獲得軍用生產商授權生產軍事玩具,例如F18戰鬥機、黑鷹直升機、桿馬等各類真實世界的軍事器具等全球版權,2005年還成功獲得中國解放軍的授權生產中國士兵人偶。

◉ | 動畫打造玩具品牌

一直以來錢耀棠對於做玩具都有一個清晰的方針,就是做自己的品牌,而不做代工生產。然而品牌的創立和品牌效益並不容易建立,儘管錢氏玩具可以做到某些產品全球出口量最高,以及擁有全球最多1比6和1比18的軍事玩具配件,但品牌缺少廣泛認可的情況下銷售價格得不到提高,客人還有可能大幅度壓價。為了打破這一局面,錢氏父子決定用動畫為玩具打響品牌。

2002年及2005年錢氏父子分別成立了亞洲動畫及深圳的方塊動漫，這兩家公司此前已經做過一些半原創的動畫，例如王澤的《老夫子》、香港藝人薛家燕的《家燕媽媽》、蔡志忠老師的《五子說》等動畫節目，錢國棟加入後開始同八一電影製片廠溝通拍攝由1970年代的紅色經典電影改編的動畫《閃閃的紅星》（2007年放映），之後又拿到馬榮成先生的漫畫名作《風雲》的授權，製作動畫「風雲決」（2008年放映）。

這兩套動畫電影都由香港金像獎導演林超賢執導，卻有著不同的策略。錢國棟選擇拍《閃閃的紅星》時已經想到這個合作有助於加強同八一電影製片廠的關係，果真最後他成功通過八一電影製片廠史無前例地獲得整個中國人民解放軍的授權。之後亞洲動畫又推出作品《正義紅師》，講述了中國人保衛地球的故事。而錢氏玩具其中一條熱賣的產品線就是《正義紅師》IP玩具「World Peacekeepers」。

錢國棟將漫畫《風雲》改編成動畫電影《風雲決》時沒有過多考慮之後的玩具銷售，而希望能夠通過作品證明亞洲動畫的製作水準，讓人們認識亞洲動畫。果然《風雲決》不負眾望，成為首部入圍東京電影節的國產動畫片，並獲得2008年第五屆金龍獎最佳動畫長片大獎，2009年第16屆北京大學生電影節動畫片創作獎，2009至2010年度國家文化出口重點項目，美國、德國、馬來西亞、印度、印尼、 越南、韓國、新加坡、臺灣、香港及澳門等地區均購入《風雲決》的發行權。

製作這兩個通過授權的半原創專案之後，錢國棟和亞洲動畫已經有了不少拍攝製作的經驗，而且打響了亞洲動畫在電影圈和國際上的知名度。隨後亞洲動畫在2010年推出了第一部完全原創的動畫作品——《超智能足球GGO》。錢國棟發現同類型的運動類卡通片，無論《足球小將》還是《灌籃高手》（slam dunk），或者《網球王子》，都有很高的收視率，但都沒有配套的玩具產品。而以足球為題材的動畫市面上並沒有很多，所以他決定做一個既有高收視率又有配套玩具的足球動畫片。為了配合這部動畫片，他專門設計了一個可以射門的足球公仔並申請了專利。公仔的腿可以手動旋轉，通過控制方向和力度就可以射出不同的角度。他希望可以用這個玩具配合一個熱血的動畫，傳達出永不放棄的足球精神。《超智能足球GGO》成功在40多個國家播放，獲得一眾粉絲的支持。

◉ | 整合商業模式

動畫片的熱播很快帶動了玩具的銷售，錢氏玩具在東南亞國家如越南、印尼的生意甚至翻了三倍。但不是每個國家都能有玩具配合動畫一起

《超智能足球 GGO》也推出周邊商品及玩具。

銷售，要實現動畫加玩具的商業模式並不容易。因為有些國家可以找到玩具代理但聯絡不到電視臺播放，有些國家能找到播放管道卻找不到玩具代理；很多玩具代理會想等播出後看到收視率了再決定，但真的播出後玩具代理又認為已經過時了，想等第二部播出。錢國棟說，一部動畫的投資成本要3,000多萬，沒可能拍出另外一部再等玩具代理，所以必須先談好所有的合作條款。經過這些年的努力，亞洲動畫終於把這些管道整合起來，現在推出一個動畫IP前會至少確定十個國家的代理，保障作品一推出有十個以上的國家會播放，並且有玩具配套銷售。

更進一步則是在海外授權代理。香港和內地的授權由亞洲動畫自己的團隊管理，但在其他國家則交給當地的一些授權代理。這些授權代理可以把動畫IP進行當地語系化，亞洲動畫以前是做不到這一點的，只能做到播放動畫和賣玩具。而授權代理會承擔起動畫IP在當地的營運和授權，例如推出衣服、食品、圖書、網路遊戲、文具等等一系列周邊商品，這部分是比玩具要大得多的生意。

◉ | 轉型IP經濟

提到動畫IP，除了《正義紅師》這類偏二次元的創作和《超智能足球GGO》這樣熱血運動的動畫IP，亞洲動畫還推出了古裝宮廷風《甜心格格》這類少女動畫IP，不同的動畫IP分別針對不同的觀眾群，而且隨著觀眾群的長大，IP也跟著發生變化。錢國棟舉例說，2010年推出《超智能足球GGO》時十歲的粉絲如今已經19歲，當年會買超智能足球的玩具，現在會買超智能足球新推出的紀念幣、球衣等，因為有著他們的童年回憶。錢國棟說可能再過十年這些粉絲花上幾千元買超智能足球的周邊產品都不足為奇。又例如《甜心格格》2011、12年在中國中央電視臺和中國100多個頻道播放，當年十歲的小朋友現在已經18歲，於是有合作方從亞洲動畫買版權把《甜心格格》的故事拍成真人版網路劇，給年輕觀眾看。此外《甜

《甜心格格》亦有推出周邊商品，例如跟中國絲綢博物館合作推出聯乘商品。

心格格》還授權香港著名電影人文雋先生拍攝真人兒童電影，更找來香港著名影星鍾麗緹的女兒張凱琳當女主角。不僅如此，《甜心格格》亦授權給零食商家在中國百佳超市銷售，澳門的十月初五餅家也推出了甜心格格的蛋卷、曲奇餅之類，將來還會推出服裝、嬰兒用品等各種不同的動畫周邊商品。

回想2003、04年剛接手動漫公司時，希望用拍動畫片的方式去賣更多玩具的概念，錢國棟感歎今日已經完全改變，現在的想法是怎樣運營動畫IP，不論從玩具、商品、形象，還是劇本上，怎樣更好的完善動畫IP的商業模式。簡單講，第一步先要從故事題材、角色創作令影片有高收視

率；接下來就是玩具、授權、宣傳推廣活動、網路行銷、粉絲活動、海外代理執行等等不同類型的合作。如今玩具逐漸變成亞洲動畫眾多動畫IP商品中的一個分支，亞洲動畫和錢氏玩具的關係也在轉變，有了更加明確的劃分。隨著玩具業近幾年的發展，亞洲動畫的IP玩具也會應用新科技進行創新，例如《超智能足球GGO》開始有團隊寫手機應用程式，把AR技術和傳統玩具結合。但錢國棟認為動畫才是最強的市場推廣工具，「只要佔據電視臺的時間檔，就能主導市場」。

錢國棟親力製作的動畫為傳統行業的家族生意帶來了品牌效應和新的增長，更超出預期的建立了以動畫IP為核心的新興商業模式，這不僅是香港工業轉型的典範之作，也是極為難得的傳承與開拓。2019年更將展開國際合作，推出全新IP《超甲蟲戰記》。

TAKEAWAY

堅持走品牌路線

錢氏玩具一直只做自己的品牌，而不做代工生產。品牌效應不高就製作動畫片來建立品牌認同。

儘管錢氏玩具全球出口量頗高，但品牌缺少廣泛認可的情況下銷售價格得不到提高。為了打破這一局面，錢氏父子決定用動畫為玩具打響品牌。2002年及2005年錢氏父子分別成立了亞洲動畫及深圳的方塊動漫，之後在錢國棟的領導下推出動畫，《閃閃的紅星》、《風雲決》等動畫名作，為錢氏玩具帶來了品牌效應和新的增長。

更新產品類型，填補市場空缺

錢氏玩具早期生產的全部都是以女仔為對象的玩具，1998年錢耀棠先生開始做男仔玩具，以士兵玩偶為主。

2000年錢國棟畢業後正式加入公司，專注大力發展男仔兵人玩具，不斷改進和增加產品類別，並同時更新女仔玩具。美國「911」事件後以士兵為主的男仔玩具大賣，錢氏玩具通過拿授權方式成為軍事玩具配件種類最多的廠商。

從傳統製造業向新興商業模式轉型

錢氏玩具製作動畫的概念很快從賣玩具轉變為運營動畫IP，從用動畫提升玩具品牌效應，轉變為用玩具及一系列周邊產品強化動畫IP。

從故事題材、角色創作令到影片有高收視率後，開展玩具、授權、宣傳推廣活動、網路行銷、粉絲活動、海外代理執行等等不同類型的合作。例如2011、12年播放的《甜心格格》，現在被拍成真人版網路劇，以及真人兒童電影，亦授權給零食商家，將來還會有服裝、嬰兒用品等各種不同的動畫周邊產品推出。

設計工具箱：
關於成長
和蛻變

DESIGN
TOOLKITS

此工具箱的本意是為了通過以快速、自然、成本合理、毋需太多事前預備工作的「游擊式研究」方式進行評估，鼓勵和促進中小企製造商在發展過程裡嘗試運用一些設計工具，以便他們策略性地重新設計商業模式。中小企製造商的業務模式是指代工製造（OEM）、原設計製造（ODM）、原創品牌（OBM）和策略管理（OSM）；以上所述的發展進程包括小型企業成長五大階段：「起步期」、「求存期」、「成功期」、「騰飛期」和「成熟期」（Churchill & Lewis, 1983）。幾個商業模式和階段的蛻變過程說明了這趟錯綜複雜的旅程是多麼的美麗。項目團隊在每個轉捩點均向中小企製造商建議了幾個設計工具，以達到實用目的和令靈感成真。

在工業的業務中設計出有效的策略是一個複雜的過程。除了貿易，製造業務的多個面向還包括培養文化、開發新的產品服務系統，以及由組織、流程、資源和營銷組成的一個有趣的平衡狀態（Li, 2019）。中小企製造商的領導層將嘗試使用我們精心挑選的設計工具，實現從OEM成長為ODM，以及進一步向OBM邁進的轉型過程。儘管這個不斷演進的過程絕不會直線發展，也不會在剎那間發生，這個機會仍然能允許執行和管理層簡要地評估業務活動並逐步重新部署其策略。若能對業務活動進行理想的策略性轉型，企業就可以在策略管理（OSM）階段不斷發展。事實上，不論以OEM、ODM和OBM作為企業唯一的策略，還是將以上種種模式集合在一起，都可以讓企業升級成為OSM，而這往往不是因為企業使用了各種各樣的工具，而是由於思維模式的轉變。

設計工具箱 一

DESIGN TOOLKITS

小型企業成長五大階段（資料來源：Churchill & Lewis, 1983）

	第❶階段 起步期	第❷階段 求存期	第❸階段 成功期 擺脫束縛⇒成長		第❹階段 騰飛期	第❺階段 成熟期
管理風格	直接監督	在管轄下進行的監督	功能性		部門式	直線參謀
組織						
正式系統的覆蓋範圍	甚少到幾乎沒有	甚少	基本	發展中	成熟中	廣泛
主要策略	甚少到幾乎沒有	甚少	維持當下有盈餘的現狀	為了業務增長籌集資源	業務增長	著眼於投資回報率
*業務和企業持有人之間的關係						

稚嫩 - ▶ 成熟

企業的成熟度

* 較小的圓形代表企業持有人，而較大的圓形則代表業務

186 / 187

小型企業成長五大階段（資料來源：Churchill & Lewis, 1983）

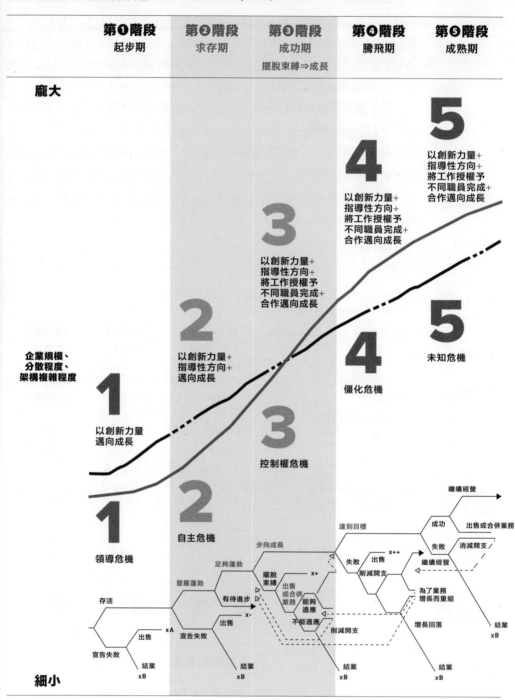

第❶階段	第❷階段	第❸階段	第❹階段	第❺階段
起步期	求存期	成功期	騰飛期	成熟期
		擺脫束縛⇒成長		

龐大

企業規模、分散程度、架構複雜程度

5 以創新力量＋指導性方向＋將工作授權予不同職員完成＋合作邁向成長

4 以創新力量＋指導性方向＋將工作授權予不同職員完成＋合作邁向成長

3 以創新力量＋指導性方向＋將工作授權予不同職員完成＋合作邁向成長

2 以創新力量＋指導性方向＋邁向成長

5 未知危機

4 僵化危機

1 以創新力量邁向成長

3 控制權危機

1 領導危機

2 自主危機

繼續經營

達到目標　成功　出售或合併業務

失敗　消減開支

步向成長　失敗　出售　繼續經營

足夠蓬勃　擺脫束縛　x+　削減開支

發展蓬勃　有待進步　出售或合併業務　能夠適應　為了業務增長而重組

存活　出售　x-　不能適應　削減開支　增長回落

xA　宣告失敗　結業　xB

出售　宣告失敗　結業　xB

結業　xB

結業　xB

結業　xB

結業　xB

細小

稚嫩 - - - - - - - - - - - - - - - - - - ▶ 成熟

企業的成熟度

━━ 成長階段　　▪▪▪ 革新階段　　━━ 成長路徑

xA　出售資產　　x+　以有利可圖的價錢出售　　→　適應現況並暫時性/永久性地經營下去

x-　虧本出售　　x++　以更客觀的價錢出售　　┈▷　策略上的轉變　　xB　破產

　　　　除了按企業活動的程度劃分，小型企業的增長還可以分為幾個階段。透過參考「小型企業增長的五個階段」，我們知道中小企最常面對的兩個階段分別為第二階段——求存期和第三階段——成功期，所以工具箱也涵蓋了這兩個小型企業發展階段。工具箱將小型企業劃分為兩個維度（OEM→ ODM→OBM和小型企業的增長），它將透過以下的結構圖提出兩套例子，說明設計策略工具如何促進蛻變（即從求存期躍升至成功期）及轉型：

階段	起步期到求存期	求存期到成功期	成功期到騰飛期
公司擁有的資源			
財政資源	資本有限（因為企業持有人是資本的主要供應者）	有盈利增長	現金充裕、擁有真正的經濟健康。
人力資源	下屬至少具有普通程度的工作能力	由銷售經理/總領班監督的員工人數有限	職能經理理應非常稱職，而企業同時需要專業的員工。
系統資源	系統和正式規劃比較少見，甚至可能不存在。	最小程度（正式計劃即現金預測）	基本的財務、營銷和生產系統已經到位。
業務資源	沒有足夠的客戶認受性/產品能力	有足夠的客戶，並能夠充分滿足他們，以將其留住、規模增長。	具有足夠的規模
企業持有人擁有的資源			
目標	獲得客戶、提供合同中答應交付的產品/服務、維持企業活力，然後成為可行的商業實體。	求存、留住客戶、賺取足夠的現金以達到收支平衡，並覆蓋資本維修所需的成本、產生足夠的現金流以保持業務和財務增長、按計劃銷售產品。	避免繁榮時期的現金流失、逐步鞏固公司根基和集中資源，以預備企業增長。
行動力	企業持有人執行所有重要任務	企業持有人依然對業務親力親為	企業持有人日漸淡出業務
管理能力	企業持有人向下屬提供動力和指導，並直接監督他們的工作。	有些任務會委託給銷售經理/總領班及其他員工完成，但他們都不會獨自作出重大決策，而是會執行由企業持有人精心制訂的指引。	要求職能經理接管企業持有者履行的某些職責，組織逐漸變得分權化和部門化。
策略制定能力	企業持有人會考慮業務是否能夠擴展至更大的銷售基地	企業持有人會考慮收入和支出之間的聯繫	企業持有人會聘請有足夠遠見關注公司未來，而非單顧目前情況的經理。

企業起步期到騰飛期的資源對照表（資料來源：Lewis, V. L., & Churchill, N. C. (1983). The five stages of small business growth. *Harvard Business Review*, 61(3), 30-50. ）

	起步期到求存期	求存期到成功期	成功期到騰飛期
	企業正於初始階段開始成長，此時它擁有最小的體系和正式的規劃，並正在努力建立一個可行的商業實體，務求可以產生足夠的現金來達到收支平衡。	有企業開始略有小成，能夠產生大量的收入來維持業務。其員工規模會不斷擴大，使其得以成功開發系統和正式規劃。企業持有人會決定未來應該將企業擴展為增長平台，還是讓其保持為一家能夠賺取利潤的企業。	企業的規模正在激增，而它在財政上亦能夠支持這個增長。為了在日益複雜的情況下仍然能達到良好的業務管理效率，其擁有者可以將他／她的責任委託給員工履行。
代工製造（OEM）原設計製造（ODM）	企業可能會開始聘請設計師以創造原創設計為目標，為現有的製造設備進行設計；舉個例子，這些項目可以是單獨的產品。在這個階段參與的設計師可能處於新手級別，他們會遵循企業持有人的嚴格指令和配合其緊密監察。	企業希望從其員工創造的設計中開發出原創品牌，例如可能會授權成立更高級的品牌，並可能利用經營這些品牌的經驗為自己開發新品牌。為實現這一目標，公司可能會讓精通設計的員工參與重要討論並實施適當的設計方案。例如潤成紡織集團從OEM紡織品製造轉型為同行業的ODM；除了OEM生產外，集團還引入了面料貿易，以促銷其原創設計，開發環保生產線和功能性面料。	企業可以聘請設計師團隊為現有或新的製造設備設計產品，旨在打造原創設計，例如可以創建原創研究並研究出能夠迎合新趨勢的產品線。企業可能會加入內部設計師及設計經理的團隊，他們可以作出相關的設計決策，或者依靠能為設計師提供更高水平專業知識的諮詢服務。
原設計製造（ODM）  原創品牌（OBM）	企業希望從其員工創建的原創設計中開發出原創品牌，例如可能會授權成立其他新興品牌。企業可能會加入有能力作出與情況相關的設計決策的設計師，但這一切仍是在企業持有人的監督之下發生的。	企業可以聘請設計師為現有的製造設備設計產品，旨在打造出原創設計，例如可以根據現有市場趨勢開發新的產品線。企業可以僱用一個高於初級水平的設計師團隊，他們需要遵循主管的指示，但偶爾可以不跟從嚴格的規則。例如萬希泉鐘錶有限公司利用其在製造及設計陀飛輪腕錶方面的優勢來打造原創手錶品牌；在建立這個原創品牌時，萬希泉鐘錶有限公司與各路名人合作，邀請他們擔任設計師，為品牌生產符合其價值的產品。	企業希望通過兼用多種策略，如開發新品牌、收購其他品牌等，以助其創建原創品牌。企業可能會加入內部設計師和設計管理人員，以及為具備一定實力和遠見，能夠利用自身領域知識進行創新，以帶來策略性思維模式的設計師而設的外判設計諮詢平台。

OEM→ ODM→ OBM和小型企業的增長（資料來源：Dorst, K., & Reymen, I. M. M. J. (2004). Levels of expertise in design education. In *DS 33: Proceedings of E&PDE 2004, the 7th International Conference on Engineering and Product Design Education*, Delft, the Netherlands, 02-03.09. 2004.)

「學習設計的三種文化」（Cross, 1982）擁抱了設計的包容性和多樣性。設計專業知識意味著結合「藝術」、「科學」和「科技」的領域。因此，工具箱的內容與多個社會科學或社會學的研究方法，以及管理學等各個範疇的工具都有相似類同之處，而設計策略的路線圖將引導讀者循著指引和使用不同的工具，以達到業務轉型。

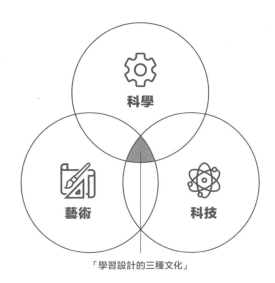

「學習設計的三種文化」

藝術	人類經驗	主觀思維、聯想思維、奉獻精神，以及對「公義」的追求。		批判技巧、類比思維、評鑑能力
科學	自然世界	客觀思維、理性思想、中立性，以及對「真理」的追求。		實驗技巧、歸類能力、分析能力
科技	由人工科技堆砌出來的世界	實驗技巧、歸類能力、分析能力		建模技巧、生成圖案的技巧、合成技巧

綜觀以上種種，中小企大多數都處於求存期和成功期之間，收益漸漸擴大，也開始能在市場上站穩陣腳，但仍有大量的成長空間。我們希望幫助中小企突破現況，對業務活動進行理想的策略性轉型。如果說上冊是一套序曲，為讀者提供有關企業成長、蛻變的一些背景知識，在下冊中，我們將會為企業的品質管理提出實質的建議，並提供不同範疇人士常用的設計工具和思維模式，有系統地引導讀者循著這些方法為企業進行審視和規劃。

中文參考文獻

〈2019 年《甜心格格》品牌綻放授權合作分享會圓滿落幕〉,《TOM 新聞》,2019 年 1 月 11 日。

〈80 後打造港產陀飛輪品牌　腕錶設計融入東方元素　創業兩年賺近千萬〉,《晴報》,2012 年 11 月 27 日。

〈入廚熱爆　千億商機　廠二代活用 O2O〉,《智富雜誌》,2016 年 1 月 1 日。

〈「小黃鴨之父」林亮做生意就三個字「勤、誠、信」〉,《香港文匯網》,2018 年 8 月 10 日。

〈工業世家父女兵〉,《大公報》,2007 年 8 月 13 日。

〈水壺毛利低　廠房改建酒店　駱駝牌兩次賣地均賺逾億〉,《壹週刊》,2017 年 3 月 25 日。

王子善:〈Memomem　自我錶態〉,《香港經濟日報》,2017 年 3 月 23 日。

王冠之、王錫年:《香港鐘錶工業發展史》,香港:香港錶廠商會有限公司,1993 年。

王菡:〈當精準成為一門藝術:專訪香港高級機械錶製錶師〉,《端傳媒》,2016 年 7 月 14 日。

王菁卉、林瑤婷:〈注塑機供不應求　震雄:兩年擴產能五成〉,《Money Times》,2010 年 12 月 20 日。

王嘉杰、吳涵宇:〈港製衣業步入黃昏?〉,《大公報》,2017 年 6 月 5 日。

王曉鑫等著、袁妹編:《千針萬線:香港成衣工人口述史》,香港:進一步多媒體有限公司,2008 年。

〈木雕三代情　民間木雕融入鐘錶〉,《明報教育網》,2011 年 5 月 31 日。

〈中華製漆　吹綻百變菊花〉,《香港經濟日報》,2001 年 12 月 28 日。

〈中華製漆 77 年悠久品牌　打造經典中華品質〉,《文匯報》,2009 年 9 月 17 日。

〈中華製漆客戶服務中心正式開幕〉,《文匯報》,2008 年 10 月 10 日。

〈中華製漆推環保油漆迎合需要〉,《明報》,2003 年 12 月 11 日。

〈父女並肩作戰改革公司〉,《大公報》,2013 年 6 月 27 日。

〈方塊動漫畫未來擬上市　老牌廠家轉型卡通片內地突圍〉,《信報財經新聞》,2016 年 5 月 23 日。

〈世界隨意門 ·「生活就是設計」系列——「住」篇〉，新城知訊台，2018 年 3 月 1 日。

石華：〈港玩具商深圳成功轉型動漫〉，《大公資訊》，2017 年 4 月 2 日。

〈北海集團有限公司 2018 年報〉，北海集團，2018 年 12 月 31 日。

丘瑞欣：〈從經典家品到文青潮物　不離不棄的港產駱駝〉，《明報周刊》，2018 年 5 月 12 日。

丘瑞欣：〈駱駝牌水壺廠活化酒店　攝影師謝至德記錄工廠最後一面〉，《明報周刊》，2017 年 5 月 16 日。

丘瑞欣：〈「駱駝牌」廠房變酒店　活化工廈延續經典〉，《明報周刊》，2017 年 5 月 18 日。

〈成功多虧父親教誨〉，《大公報》，2007 年 8 月 13 日。

〈行業焦點〉，2019 年 5 月 8 日，載於香港記憶。

朱樂怡：〈瀕結業社企　做好財管覓出路〉，《大公報》，2018 年 8 月 16 日。

〈收購多個品牌以壯實力　創科分拆地板業明年上市〉，《星島日報》，2000 年 11 月 20 日。

〈攻內地工業漆市場　菊花牌望三年賺一億〉，《經濟一週》，2002 年 1 月 19 日。

李昌鴻：〈港商二代推麵條機　內地首創〉，《文匯報》，2015 年 5 月 11 日。

李摯：〈港動畫商冀打造華人第一品牌〉，《香港商報網》，2015 年 8 月 12 日。

〈李嘉誠商業和慈善的啟蒙人莊靜庵：熬過了戰火，靠鐘錶起家坐擁百億工業王國〉，搜狐，2018 年 09 月 27 日。

李潤林：〈沈慧林惜木如金〉，《東方日報》，2011 年 7 月 15 日。

李潤茵：〈從「香港製造」到「香港創造」〉，《信報財經月刊》，2016 年 2 月 1 日。

吳允沖：〈因父之名禁　鍾舒漫聖十教育〉，《蘋果日報·副刊》，2010 年 6 月 29 日。

吳兆倫：〈港家電商瞄準神州　3 年拓 200 加盟店〉，《香港經濟日報》，2010 年 10 月 1 日。

〈吳榮治〉，《華人百科》，2019 年 5 月 20 日閱。

〈吳榮治：開平碉樓的保護者〉，《中國評論新聞》，2011 年 10 月 31 日。

余十八：〈測量師另類宗教事業〉，《信報》，2014 年 6 月 20 日。

余秉峰：〈烈女賣飛鏢兩年未賺錢　霸氣面對創業困難　「怕風險不如打工」〉，《香港 01》，2017 年 7 月 25 日。

余秉峰：〈富二代力挽家業危機　要求父交工廠股權　裁員 800 炒騙錢親戚〉，《香港 O1》，2017 年 7 月 20 日。

余思朗：〈香港製造：不老紅 A 噴射式水壺超破格　前衛設計曾風靡 60 年代？〉，《香港 O1》，2017 年 7 月 16 日。

何花：〈港玩具商拓動漫　銷量飆四倍　錢氏轉型成功獲 2016 香港工商業獎〉，《文匯報》，2016 年 5 月 21 日。

何順文：〈鍾志平：熱愛工作須專注，傳承須不忘創新〉，《灼見名家》，2016 年 1 月 25 日。

何善敏：〈香港家庭用品概況〉，2018 年 8 月 15 日，載於香港貿易發展局經貿研究網頁。

〈我要做中國的陀飛輪〉，《早晨快信》，2011 年 1 月 4 日。

利豐研究中心：《供應鏈管理：利豐集團的實踐經驗》，香港：三聯書店，2003 年。

沈慧林：《創業夢飛輪》（第二版），香港：百寶代指媒文化事業，2017 年。

〈兩姊弟分工清晰〉，《香港經濟日報》，2018 年 4 月 23 日。

〈林定波訪談記錄〉，2019 年 8 月 12 日，載於香港記憶網站。

〈林亮訪談記錄〉，2019 年 8 月 13 日，載於香港記憶網站。

林德芬：〈人生九十仍有夢　林亮再闖創業路〉，《香港商報》，2017 年 6 月 12 日。

〈玩具廠升級轉型　生產、動漫、授權三合一〉，《HKTDC 經貿研究》，2013 年 9 月 4 日。

〈拓展中國手錶市場經驗之談〉，《HKTDC 經貿研究》，2016 年 9 月 6 日。

范寧森：〈香港紡織、製衣業變遷史略（節錄）〉，《文匯報》，2017 年 10 月 23 日。

卓妮：〈中環出更：內地盜版成風汪恩光教路自保〉，《東方日報》，2019 年 1 月 5 日。

卓妮：〈中環出更：青年工業家　商機優「越」〉，《東方日報》，2016 年 1 月 4 日。

周俊霖：〈廠二代創業製飛鏢靶　冀擲鏢更普及〉，《香港經濟日報》，2016 年 12 月 14 日。

〈非常 SME：運年算準時間三路發圍〉，《東方日報》，2013 年 2 月 26 日。

〈城中人城中事〉，《東周網》，2018 年 4 月 4 日。

〈香港製衣業的源流和軌跡〉，2019 年 4 月 28 日，載於香港記憶網站。

〈香港製錶驕傲 Memorigin〉，《東周網》，2018 年 11 月 8 日閱。

〈香港震雄注塑機決勝市場之道〉，《China Industry News》，2007 年 6 月 19 日。

香港錶廠商會、香港理工大學企業發展院：《香港鐘錶業的發展與創新》，香港：香港錶廠商會，2010 年。

洪永起：〈錢耀棠　我要起革命〉，《文匯報》，2007 年 11 月 7 日。

姚沛鏞：〈科技＋設計　廠商回流拓新商機〉，《香港經濟日報》，2015 年 11 月 4 日。

〈紅 A 起革命　考驗父女情〉，《壹週刊》，2011 年 3 月 17 日。

〈紅 A 第三代盼闖第三高峰〉，《明報》，2014 年 5 月 12 日。

〈紡織業・行業焦點〉，2019 年 4 月 28 日，載於香港記憶網站。

〈家裝塗料色彩服務中心開業〉，《北京晚報》，2002 年 10 月 10 日。

〈飛鏢工房　結合科技　重新塑造飛鏢形象〉，《都市盛世》，2018 年 3 月 1 日。

〈飛鏢 x 手機 App　創新意思〉，《明報》，2015 年 3 月 20 日。

陳子健：〈時裝共享　孵化新晉品牌　老牌製衣廠第三代破格改革〉，《香港經濟日報》，2018 年 4 月 23 日。

陳子健：〈港產錶品牌　定位中低檔攻神州〉，《經濟通 ET Net》，2015 年 8 月 5 日。

陳正偉：〈93 歲仲可以做乜？玩具大亨林亮讓小黃鴨重生〉，《橙新聞》，2017 年 8 月 31 日。

陳永健：〈香港服裝業概況〉，香港：香港貿易發展局，2018 年 9 月 12 日。

陳永健：〈香港紡織業概況〉，香港：香港貿易發展局，2018 年 9 月 5 日。

陳永健：〈香港鐘錶業概況〉，香港：香港貿易發展局，2017 年 8 月 9 日，檢索自 https://bit.ly/IArBIYG

陳柳燕：〈汪恩光　與紅旗邂逅　換來一生至愛〉，《香港商報》，2016 年 5 月 23 日。

〈陳國民：「做好品牌是成功第一步」〉，《東周網》，2016 年 2 月 15 日。

〈陳國民訪談記錄〉，2019 年 8 月 26 日，載於香港記憶網站。

陳添浚：〈行業革新應對科技革命靠「食腦」「設計思維」可創造無限價值〉，《文匯報》，2018 年 10 月 17 日。

陳萍花：〈求變創新建鐘錶王國　訪運年錶業集團董事總經理劉展灝〉，《大公報》，2013 年 2 月 7 日。

〈陳嘉賢賣家電鬥快鬥型　德國寶第二代力拓 O2O〉，《信報財經新聞》，2017 年 6 月 12 日。

陳濤：〈汪恩光博士　從廚具設計大師至廚具大王〉，《文匯報》，2015 年 9 月 23 日。

陸勇：〈TTI 創科集團多個研發總部將搬到厚街今年 7 月搬遷〉，《廣州日報》，2008年 3 月 7 日。

戚小彬，《香港玩具人——林亮》，香港：三聯書店，2017 年。

張益麟：〈香港智造「再工業化」〉，TML（To Make Locally），2018 年 11 月 8 日閱。

莊程敏：〈中國變形金剛之父林亮　創業火不滅　再現經典黃鴨〉，《香港文匯報》，2017 年 3 月 31 日。

莊琬晴：〈自研手帶助飛鏢玩家「出鏢更精準」飛鏢工房創辦人徐詠琳：沒有機遇就自尋機遇〉，《Upower》，2018 年 7 月 4 日。

〈帶著矛盾去交棒——「螺絲大王」徐炳光父女的痛苦傳承〉，《信報財經新聞》，2017 年 6 月 3 日。

〈莊學海訪談記錄〉，2019 年 7 月 20 日，載於香港記憶網站。

〈異數　徐詠琳〉，《東周刊》，2017 年 1 月 11 日。

〈第三代「駝主」現真身　親揭駱駝牌復刻水壺爆紅之謎〉，《壹週刊》，2017 年 3 月 24 日。

〈從螺絲到主板上市　誠興行兩代人奮鬥〉，《巴士的報》，2018 年 9 月 26 日。

〈港 80 後　創陀飛輪品牌　半年回本秘訣〉，《智富雜誌》，2013 年 2 月 9 日。

梁巧恩：〈毛衫製造商第三代　創業心態守業〉，《香港經濟日報》，2018 年 4 月 23 日。

梁彩鳳：〈80 後創時裝創意實驗室　azalvo 助同業發圍〉，《經濟一週》，2018 年 6 月 22 日。

〈商城記　港產家電　陸網展拳〉，《都市日報》，2015 年 6 月 8 日。

黃志偉：〈港產陀飛輪　萬希泉港首開店〉，《香港經濟日報》，2014 年 10 月 14 日。

黃秀敏：〈群星撐福音 Tee〉，《東方日報》，2010 年 7 月 5 日。

黃詩韻：〈鐘錶：飛騰錶業　爭市場在機芯研發〉，《文匯報》，2012 年 10 月 15 日。

〈腕錶設計大變革〉，《商貿先鋒》，2018 年 1 月 11 日。

〈腕錶設計大變革 港潮牌轉攻網銷〉，《HKTDC 商貿全接觸》，2017 年 12 月 1 日。

〈創自家訂製品牌——廖仲恒向表竿直跑〉，《星島日報》，2017 年 4 月 2 日。

〈創科近 5300 萬拓歐洲業務〉，《明報》，2001 年 8 月 9 日。

〈創科實業　外面的世界更精采〉，《香港經濟日報》，2005 年 7 月 7 日。

〈創科擬 9 億售美地板護理業務〉，《明報加東版（多倫多）》，2001 年 7 月 17 日。

〈創科鍾志平：「鑽」出未來三字記之曰平靚正〉,《投資理財》,2002 年 3 月 4 日。

〈「創造共享價值」 港企賺錢兼助弱勢〉,《香港經濟日報》,2015 年 8 月 30 日。

創興銀行：〈三代屋契 一脈傳承〉,2018 年。

馮邦彥：《百年利豐——從傳統商號到現代跨國集團》,香港：三聯書店,2006 年。

馮凱盈：〈香港電子業概況〉,2019 年 7 月 8 日,載於香港貿易發展局經貿研究
網頁。

馮樂琳、梁子康、葉卓偉：〈傳統製衣廠 回流香港 打造 Made in HK〉,《晴報》,
2016 年 1 月 15 日。

游漢明、楊偉安：《荏苒時光：香港鐘錶業總會七十周年紀念文獻》,香港：香港鐘錶
業總會,2017 年。

〈瑞士錶市場 港有力重奪首位〉,《香港經濟日報》,2016 年 8 月 25 日。

楊詩彤：〈張益麟棄醫從商 良心孕育港產設計〉,《頭條日報》,2018 年 8 月 25 日。

〈電鑽大王收購拓版圖〉,《明報》,2005 年 9 月 14 日。

〈新式電熱水器安全恆溫節省空間〉,《星島日報》,1999 年 1 月 18 日。

〈福臨門與得意創作合作 「經典鴨」重現〉,《巴士的報》,2016 年 6 月 8 日。

端木雅：〈80 後將飛鏢興趣變事業 開專門店 教 100 間學校學生〉,《經濟一
週》,2018 年 6 月 21 日。

蔡明曄：〈錶王第二代劉樂濤：香港牌有得做〉,《文匯報》,2013 年 9 月 23 日。

蔡朗清：〈翻新店舖 研發內衣 60 歲雞仔要活下去〉,《蘋果新聞》,2013 年 3 月
31 日。

〈震雄塑膠射出機 AMPA 訂單爆量 以創新先進科技開發客製化高精密機台〉,《香
港經濟日報》,2017 年 6 月 19 日。

〈震雄 蔣博士與你談工業〉,《Money Times》,2006 年 9 月 11 日。

〈震德機械 引入「豐田」模式突破轉型瓶頸 每生產百台機器從原來需時一個月縮
短至十天〉,《南方日報》,2014 年 8 月 8 日。

劉芷盈：〈內外具備 雞仔嘜大變身〉,《創業空間》,2018 年 9 月 20 日閱。

〈德國寶借力團購 家電超賣 14 倍〉,《香港經濟日報》,2012 年 4 月 16 日。

〈範例詳析〉,《中小企營商基準》,2018 年 9 月 20 日閱。

〈劉展灝打造「品牌」 鑄就成功之道〉,《大公報》,2013 年 11 月 3 日。

〈劉展灝致力質素與品牌 曾收購三家瑞士鐘錶廠〉,《香港商報》,2003 年 5 月
11 日。

〈廣開言路　任人唯才　創科的國際化管理日〉,《香港經濟日報》,2002 年 4 月 25 日。

〈廠商第二代　穩中求變〉,《明報》,2015 年 3 月 20 日。

〈潮牌傳遞正能量　品牌助手攻內地〉,《HKTDC 經貿研究》,2015 年 9 月 24 日。

鄧龍傑:〈震歐線衫譚建東　編織雞仔嘜新形象〉,《文匯報》,2005 年 2 月 28 日。

〈機芯廠第二代　炮製首個香港陀飛輪品牌〉,《FACE》,2011 年 6 月 29 日。

〈駱駝牌「147」水壺響朵　創辦人同田北俊老豆係老友〉,《蘋果新聞》,2017 年 3 月 25 日。

《駱駝牌的故事》,駱駝牌,2017 年 3 月 21 日。

〈駱駝單峰不是雙　第三代拆解謬誤:玻璃膽內冇水銀〉,《壹週刊》,2017 年 3 月 24 日。

〈鴨仔變潮流　經典膠鴨再奮進〉,《HKMB 商貿全接觸》,2017 年 5 月 23 日。

〈辦免費試玩會宣傳〉,《明報》,2015 年 3 月 20 日。

〈螺絲廠父女兵　否極泰來〉,《明報》,2010 年 10 月 29 日。

〈鍾志平打拼品牌〉,《星島日報》,2009 年 10 月 25 日。

〈鍾志平「盲婚啞嫁」辦創科〉,《星島日報》,2002 年 5 月 23 日。

〈營銷基本法〉,《信報財經新聞》,2008 年 5 月 9 日。

譚淑美:〈紅 A 第三代　梁馨蘭:97% 港製因年輕人不入行〉,《信報財經新聞》,2015 年 7 月 7 日。

〈蘇永強:愛心　決心　恆心〉,《文匯報》,2014 年 6 月 28 日。

〈鐘錶業 · 行業焦點〉,2019 年 5 月 24 日,載於香港記憶網站。

BoBo:〈90 後「廠三代」　研發自訂瑞士腕錶〉,《am730》,2018 年 2 月 2 日。

edigesthk:〈80 後創時裝創意實驗室　azalvo 助同業發圍【創業淘金】〉,2018 年 6 月 22 日,檢索自 https://bit.ly/2pfmFys

〈odm 品牌發展故事〉,《HKTDC 經貿研究》,2011 年 5 月 26 日。

〈S.Culture 今掛牌響頭炮　超人舅仔王國逐步上市〉,《蘋果日報》,2013 年 7 月 11 日。

〈SUN 世代:老闆女圓父夢〉,《太陽報》,2011 年 1 月 26 日。

英文參考文獻

Employment and Earnings Statistics Section. *Report of Employment and Vacancies Statistics*, December 1980. Hong Kong: Census and Statistics Department HKSAR 1980.

Employment and Earnings Statistics Section. *Report of Employment, Vacancies and Payroll Statistics*, December 1990. Hong Kong: Census and Statistics Department HKSAR, 1990.

Employment and Statistics Section. *Hong Kong Merchandise Trade Statistics Domestic Exports and Re-exports*, December 2018. Hong Kong: Census and Statistics Department HKSAR, 2018.

Employment and Statistics Section. *Quarterly Report of Employment and Vacancies Statistics*, December 2000. Hong Kong: Census and Statistics Department, HKSAR, 2000.

Employment Statistics and Central Register of Establishment Section. *Quarterly Report of Employment and Vacancies Statistics*, December 2018. Hong Kong: Census and Statistics Department, HKSAR, 2018.

Employment Statistics Section, *Quarterly Report of Employment and Vacancies Statistics*, December 2010. Hong Kong: Census and Statistics Department HKSAR, 2010.

Jourdan Ma: "Simply the Best", *The Standard*, 2017-12-8.

Joyce Lau: "Tourbillon Watches, Made in Hong Kong", *The New York Times*, 2016-9-5.

Julia Hollingsworth: "Techtronic: from small-time tool maker to powerful global leader", *South China Morning Post*, 2018-7-20.

"Techtronic Industries Annual Report 2017", Techtronic Industries, 2018-3-13.

"Techtronic Industries Annual Report 2018", Techtronic Industries, 2019-3-6.

研究訪談

杜睿杰、莫健偉，周凱瑜訪問，2018 年 11 月 20 日。

杜睿杰，劉燊濤訪問，2019 年 3 月 14 日。

汪嘉希、杜睿杰，汪恩光訪問，2019 年 4 月 8 日。

汪嘉希、杜睿杰，沈慧林訪問，2019 年 2 月 15 日。

汪嘉希、杜睿杰，廖仲恒訪問，2019 年 3 月 9 日。

汪嘉希、杜睿杰，廖偉文訪問，2019 年 4 月 8 日。

汪嘉希、杜睿杰，錢國棟訪問，2019 年 4 月 11 日。

汪嘉希、杜睿杰、莫健偉，陳偉豪訪問，2019 年 2 月 14 日。

汪嘉希、杜睿杰、莫健偉，翁國樑訪問，2019 年 4 月 11 日。

汪嘉希、杜睿杰、莫健偉，梁馨蘭訪問，2018 年 9 月 26 日。

汪嘉希、杜睿杰、莫健偉，譚建東、譚天韻訪問，2018 年 10 月 24 日。

汪嘉希、杜睿杰、莫健偉，蘇永強訪問，2019 年 4 月 16 日。

汪嘉希、莫健偉，吳慧君訪問，2019 年 3 月 22 日。

汪嘉希、莫健偉，張益麟訪問，2019 年 1 月 24 日。

致謝名單

主辦單位

香港工業總會轄下的香港設計委員會

撥款資助

「中小企業發展支援基金」

工業貿易署
Trade and Industry Department

「在此刊物上／活動內（或項目小組成員）表達的任何意見、研究成果、結論或建議，並不代表香港特別行政區政府、工業貿易署或中小企業發展支援基金及發展品牌、升級轉型及拓展內銷市場的專項基金（機構支援計劃）評審委員會的觀點。」

個案公司

中華製漆（一九三二）有限公司

阿們爸爸有限公司

金山工業（集團）有限公司

亞洲動畫多媒體有限公司

星光實業有限公司

香港時運達集團

香港震雄集團有限公司

康加實業有限公司

得意創作有限公司

創科實業有限公司

瑞士億科有限公司

運年（香港）集團有限公司

萬希泉鐘錶有限公司

誠興集團（飛鏢工房）

潤成紡織集團

德國寶（香港）有限公司

震歐線衫廠有限公司

興迅實業有限公司

澳迪香港有限公司

* 按筆劃排序

The Roadmap of
Design Strategy for
Hong Kong
Manufacturing SMEs
VOL.1

責任編輯	周怡玲
書籍設計	曦成製本（陳曦成、焦泳琪）

書名	香港中小企製造業設計策略之路（上冊）
策劃	香港工業總會、香港設計委員會
作者	莫健偉、汪嘉希、杜睿杰
出版	三聯書店（香港）有限公司 香港北角英皇道 499 號北角工業大廈 20 樓 Joint Publishing (H.K.) Co., Ltd. 20/F., North Point Industrial Building, 499 King's Road, North Point, Hong Kong
香港發行	香港聯合書刊物流有限公司 香港新界大埔汀麗路 36 號 3 字樓
印刷	美雅印刷製本有限公司 香港九龍觀塘榮業街 6 號 4 樓 A 室
版次	2019 年 10 月香港第一版第一次印刷
規格	16 開（170mm × 240mm）208 面
國際書號	ISBN 978-962-04-4557-6

JPBooks.Plus
http://jpbooks.plus

三聯書店
http://jointpublishing.com